智能制造领域应用型人才培养"十三五"规划精品教材

工业机器人应用技术基础

主编 ◎ 刘杰　王涛

华中科技大学出版社
http://www.hustp.com
中国·武汉

内 容 简 介

　　本书根据工业机器人产品业岗位技能需要，由武汉金石兴机器人自动化工程有限公司技术人员和院校骨干教师共同编写。本书系统地介绍了工业机器人的基本组成、应用选型、执行机构、数学基础、编程和应用等内容。本书内容新颖、易教易学，注重学生知识全面性的培养。通过学习本书，学生可对工业机器人有一个总体认识和全面了解。

　　本书适合从事工业机器人应用的操作与编程人员，特别是刚接触工业机器人的工程技术人员，以及高等院校工业机器人及机电自动化相关专业学生使用。本书技术性问题可联系 2360363974@qq.com。

图书在版编目(CIP)数据

工业机器人应用技术基础/刘杰,王涛主编.—武汉:华中科技大学出版社,2019.1(2023.7重印)
智能制造领域应用型人才培养"十三五"规划精品教材
ISBN 978-7-5680-4242-0

Ⅰ.①工…　Ⅱ.①刘…　②王…　Ⅲ.①工业机器人-教材　Ⅳ.①TP242.2

中国版本图书馆 CIP 数据核字(2019)第 012480 号

工业机器人应用技术基础　　　　　　　　　　　　　　　　　刘　杰　王　涛　主编
Gongye Jiqiren Yingyong Jishu Jichu

策划编辑：袁　冲
责任编辑：刘　静
封面设计：孢　子
责任监印：朱　玢
出版发行：华中科技大学出版社(中国·武汉)　　　电话：(027)81321913
　　　　　武汉市东湖新技术开发区华工科技园　　　邮编：430223
录　　排：武汉正风天下文化发展有限公司
印　　刷：武汉市籍缘印刷厂
开　　本：787mm×1092mm　1/16
印　　张：11
字　　数：271千字
版　　次：2023年7月第1版第8次印刷
定　　价：35.00元

现阶段,我国制造业面临资源短缺、劳动力成本上升、人口红利减少等压力,而工业机器人的应用与推广,将极大地提高生产效率和产品质量,降低生产成本和资源消耗,有效提高我国工业制造竞争力。我国《机器人产业发展规划(2016—2020 年)》强调,机器人是先进制造业的关键支撑装备和未来生活方式的重要切入点。广泛采用工业机器人,对促进我国先进制造业的崛起,有着十分重要的意义。"机器换人,人用机器"的新型制造方式有效推进了工业升级和转型。

伴随着工业大国相继提出机器人产业政策,如德国的"工业 4.0"、美国的先进制造伙伴计划、中国的"十三五规划"与"中国制造 2025"等国家政策,工业机器人产业迎来了快速发展的态势。当前,随着劳动力成本上涨,人口红利逐渐消失,生产方式向柔性、智能、精细转变,中国制造业转型升级迫在眉睫。全球新一轮科技革命和产业变革与中国制造业转型升级形成历史性交汇,中国已经成为全球最大的机器人市场。大力发展工业机器人产业,对于打造我国制造业新优势、推动工业转型升级、加快制造强国建设、改善人民生活水平具有深远意义。

工业机器人已在越来越多的领域得到了应用。在制造业中,尤其是在汽车产业中,工业机器人得到了广泛应用。如在毛坯制造(冲压、压铸、锻造等)、机械加工、焊接、热处理、表面涂覆、上下料、装配、检测及仓库堆垛等作业中,机器人逐步取代人工作业。机器人产业的发展对机器人领域技能型人才的需求也越来越迫切。为了满足岗位人才需求,满足产业升级和技术进步的要求,部分应用型本科院校相继开设了相关课程。在教材方面,虽有很多机器人方面的专著,但普遍偏向理论与研究,不能满足实际应用的需要。目前,企业的机器人应用人才培养只能依赖机器人生产企业的培训或产品手册,缺乏系统学习和相关理论指导,严重制约了我国机器人技术的推广和智能制造业的发展。武汉金石兴机器人自动化工程有限公司依托华中科技大学在机器人方向的研究实力,顺应形势需要,产、学、研、用相结合,组织企业专家和一线科研人员开展了一系列企业调研,面向企业需求,联合高校教师共同编写了"智能制造领域应用型人才培养'十三五'规划精品教材"系列图书。

该系列图书有以下特点:

(1) 循序渐进,系统性强。该系列图书从工业机器人的入门应用、技术基础、实训指导,到工业机器人的编程与高级应用,由浅入深,有助于读者系统学习工业机器人技术。

(2) 配套资源丰富多样。该系列图书配有相应的人才培养方案、课程建设标准、电子课件、视频等教学资源,以及配套的工业机器人教学装备,构建了立体化的工业机器人教学体系。

（3）覆盖面广，应用广泛。该系列图书介绍了工业机器人集成工程所需的机械工程案例、电气设计工程案例、机器人应用工艺编程等相关内容，顺应国内机器人产业人才发展需要，符合制造业人才发展规划。

"智能制造领域应用型人才培养'十三五'规划精品教材"系列图书结合工业机器人集成工程实际应用，教、学、用有机结合，有助于读者系统学习工业机器人技术和强化提高实践能力。该系列图书的出版发行填补了机器人工程专业系列教材的空白，有助于推进我国工业机器人技术人才的培养和发展，助力中国智造。

中国工程院院士

2018 年 10 月

　　当前,以机器人为代表的智能制造正逐渐成为全球新一轮生产技术革命浪潮中最澎湃的浪花,推动着各国经济发展的进程。随着工业互联网、云计算、大数据、物联网等新一代信息技术的快速发展,社会智能化的发展趋势日益显现,机器人的服务也从工业制造领域逐渐拓展到教育娱乐、医疗康复、安防救灾等诸多领域。机器人已成为智能社会不可或缺的人类助手。就国际形势来看,美国"再工业化"战略、德国"工业4.0"战略、欧洲"火花计划"、日本"机器人新战略"等,均将"机器人产业"作为发展重点,试图通过数字化、网络化、智能化夺回制造业优势。就我国国内发展而言,经济下行压力增大、环境约束日益趋紧、人口红利逐渐摊薄,迫切需要转型升级,形成增长新引擎,适应经济新常态。目前,中国政府提出的"中国制造2025"战略规划中,以机器人为代表的智能制造是难点也是挑战,是思路更是出路。

　　近年来,随着劳动力成本的上升和工厂自动化程度的提高,中国工业机器人市场正步入快速发展阶段。据统计,2015年上半年我国机器人销量达到5.6万台,增幅超过了50%,中国已经成为全球最大的工业机器人市场。国际机器人联合会的统计显示,2014年在全球工业机器人大军中,中国工厂的机器人使用数量约占四分之一。然而,机器人技术人才急缺,"数十万元高薪难聘机器人技术人才"已经成为社会热点问题。因此,"机器人产业发展,人才培养必须先行"。

　　本系列图书在行业企业专家、技术带头人和一线科研人员的带领下,经过反复研讨修订和论证,完成了编写工作。本书由刘杰、王涛担任主编,沈雄武、陈仁科和陶芬参与了编写工作。在编写过程中,得到了武汉金石兴机器人自动化工程有限公司工程技术处及参与校企合作的各院校教师的鼎力支持与帮助,在此表示衷心的感谢!

　　尽管编者主观上想努力使读者满意,但书中肯定还有不尽如人意之处,欢迎读者提出宝贵的意见和建议。

编　者

第 1 章

绪 论

　　机器人是一种在计算机控制下的可编程的自动机器,根据所处的环境和作业需要,它具有至少一项或多项拟人功能,另外还程度不同地具有某些环境感知能力,以及语言功能乃至逻辑思维、判断决策功能等,从而能在要求的环境中代替人进行作业。

　　机器人的诞生和机器人学的建立及发展,是 20 世纪自动控制领域最具说服力的成就,是 20 世纪人类科学技术进步的重大成果。机器人技术是现代科学与技术交叉和综合的体现,先进机器人的发展代表着国家综合科技实力和水平。随着需求范围的扩大,机器人结构和形态的发展呈现多样化。

　　随着智能装备的发展,机器人在工业制造中的优势越来越显著,工业机器人已经成为机器人家族重要的一员。

◀ 1.1　机器人的发展历程 ▶

1. 早期机器人的发展

　　机器人的起源要追溯到 3 000 多年前。据战国时期记述官营手工业的《考工记》记载,中国的偃师(古代一种职业)用动物皮、木头、树脂制出一个能歌善舞的伶人献给周穆王。

　　春秋时代(公元前 770—前 476)后期,被称为木匠祖师爷的鲁班,利用竹子和木料制造出一个木鸟,它能在空中飞行,"三日不下",这件事在古书《墨经》中有所记载,这可称得上世界第一个空中机器人。

　　三国时期的蜀汉(公元 221—263),丞相诸葛亮既是一位军事家,又是一位发明家。他成功地创造出木牛流马(见图 1-1),它可以运送军用物资,可称为最早的陆地军用机器人。

　　在国外,也有一些国家较早进行机器人的研制。在公元前 2 世纪出现的书籍中,描写过一个具有类似机器人角色的机械化剧院,这些角色能够在宫廷仪式上进行舞蹈和列队表演。

图 1-1　木牛流马

　　500 多年前,达·芬奇在人体解剖学的知识基础上利用木头、皮革和金属外壳设计出了初级机器人。根据记载,这个机器人以齿轮作为驱动装置,肌体间连接传动杆,不仅能完成一些简单的动作,还能发声。不过,现代人并不能确定达·芬奇是否真的造出了这个机器人,但根据其设计倒是可以还原出堪称世界上第一个人性机械的铁甲骑士。

　　同样是利用齿轮和发条的原理,1768 年至 1774 年,瑞士的钟表匠德罗斯三父子发明了会写字绘画的机器人。它们是由凸轮控制和弹簧驱动的自动机器,至今还作为国宝保存在瑞士纳切特尔市艺术和历史博物馆内。

图 1-2　机器鸭

1738 年,法国技师杰克·戴·瓦克逊发明了一只机器鸭(见图 1-2),它会嘎嘎叫,会游泳和喝水,还会进食和排泄。这只机器鸭主要被用于医学研究。

1893 年,加拿大摩尔设计的能行走的机器人安德罗丁,是以蒸汽为动力的。这些机器人工艺珍品,标志着人类在机器人从梦想到现实这一漫长道路上,前进了一大步。

2. 近代机器人的发展

1920 年,捷克斯洛伐克剧作家卡雷尔·凯培克在他的科幻情节剧《罗萨姆的万能机器人》中,第一次提出了"机器人"(robot)这个名词,该名词被当成机器人一词的起源。在捷克语中,robot 这个词是一个奴仆的意思。

20 世纪 60 年代和 70 年代是机器人发展最快、最好的时期,这期间的各项研究发明有效地推动了机器人技术的发展和推广。

1954 年,美国最早提出了工业机器人的概念,并申请了专利。该专利的要点是借助伺服技术控制机器人的关节,利用人手对机器人进行动作示教,机器人能实现动作的记录和再现。

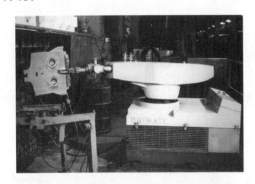

图 1-3　世界上第一台 Unimate 机器人

1958 年,被誉为"机器人之父"的恩格尔伯格创立了世界第一家机器人公司 Unimation。利用乔治·德沃尔所授权的专利技术,Unimation 公司在 1959 年研制出了世界上第一台 Unimate 机器人(见图 1-3),这是一台用于压铸的五轴液压驱动机器人,手臂的控制由一台计算机完成,采用了分离式固体数控元件,并装有存储信息的磁鼓,能够记忆完成 180 个工作步骤。与此同时,另一家美国公司——AMF 公司也开始研制工业机器人,即 Versatran (Versatile Transfer)机器人。它采用液压驱动,主要用于机器之间的物料运输。该机器人的手臂可绕机座回转,沿垂直方向升降,也可以沿半径方向伸缩。一般认为 Unimate 和 Versatran 机器人是世界上最早的工业机器人。其于 1961 年投入到通用汽车生产线上,开始了工业机器人的产业化。

1965 年,美国麻省理工学院(MIT)的 roborts 演示了第一个具有视觉传感器的、能识别与定位简单积木的机器人系统。

20 世纪中期,日本一直致力于研发人形机器人。最初,由于劳动力的不足,日本的机器人事业以工业机器人为主;后来由于人口老年化问题严重,转向服务型和娱乐型。

1969 年,日本早稻田大学加藤一郎实验室研发出第一台以双脚走路的机器人。加藤一郎也被誉为"仿人机器人之父"。

日本著名的机器人有索尼公司推出的机器狗"爱宝"(AIBO)、本田汽车公司研发的人形机器人阿西莫(Asimo,见图1-4),后者能够以接近人类的姿态走路和奔跑。

1992年从麻省理工学院分离出来的波士顿动力公司相继研发出能够直立行走的军事机器人 Atlas 以及四足全地形机器人"大狗""机器猫"等,令人叹为观止。它们是世界第一批军事机器人,如今在阿富汗服役。

机器人应用面越来越宽。除了应对日常的生产和生活,科学家们还希望机器人能够胜任更多的工作,包括探测外太空。2012年,美国"发现号"成功将首台人形机器人送入国际空间站。这位机器宇航员被命名为"R2"。R2活动范围接近于人类,并可以像宇航员一样执行一些比较危险的任务。

图 1-4 人形机器人 Asimo

随着大数据时代的到来,以数据为依托的深度学习技术取得突破性的发展,比如语音识别、图像识别、人机交互等。人工智能机器人的典型代表有 IBM 公司的沃森和软银集团的 Pepper 等。在未来的机器人技术研究中,深度学习仍然是一大趋势。

1.2 机器人的分类

机器人的分类方法很多,这里根据两个有代表性的分类方法对机器人进行分类。

1. 按照应用类型分类

机器人按应用类型可分为工业机器人、极限作业机器人、服务机器人和娱乐机器人。

(1)工业机器人。工业机器人有搬运、焊接、装配、喷涂、检查等机器人,主要用于现代化的工厂和柔性加工系统中。弧焊机器人如图1-5所示,汽车焊接生产线上的机器人如图1-6所示。

图 1-5 弧焊机器人

图 1-6 汽车焊接生产线上的机器人

(2)极限作业机器人。极限作业机器人主要是指在人们难以进入的核电站、海底、宇宙空间进行作业的机器人,也包括建筑机器人、农业机器人等。火星探测机器人如图1-7所示,排爆机器人如图1-8所示。

图 1-7　火星探测机器人

图 1-8　排爆机器人

（3）服务机器人。服务机器人包括清洁机器人、家用机器人和医疗康复机器人等。近年来，全球服务机器人市场保持较快的增长速度。另外，随着全球人口的老龄化带来的问题的大量出现，服务机器人被大量应用。烹饪机器人如图 1-9 所示，护理机器人如图 1-10 所示。

图 1-9　烹饪机器人

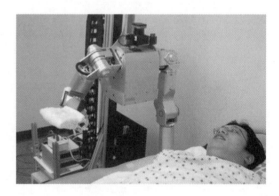

图 1-10　护理机器人

（4）娱乐机器人。娱乐机器人包括弹奏乐器的机器人、舞蹈机器人、玩具机器人等（具有某种程度的通用性），也有根据环境而改变动作的机器人，如图 1-11、图 1-12 所示。

图 1-11　宠物机器狗

图 1-12　机器男孩

2. 按照控制方式分类

机器人按控制方式可分为操作机器人、程序机器人、示教再现机器人、智能机器人和综合机器人。

（1）操作机器人。操作机器人的典型代表是在核电站处理放射性物质时远距离进行操作的机器人。在这种场合，相当于人手操纵的部分称为主动机械手，而从动机械手基本上与主动机械手类似，只是从动机械手要比主动机械手大一些，作业时的力量也大一些。

（2）程序机器人。程序机器人按预先给定的程序、条件、位置进行作业。目前大部分机器人都采用这种控制方式工作。

（3）示教再现机器人。示教再现机器人同盒式磁带的录放一样，将所教的操作过程自动记录在磁盘、磁带等存储器中，当需要再现操作时，可重复所教过的动作过程。示教方法有手把手示教、有线示教和无线示教三种，如图 1-13 所示。

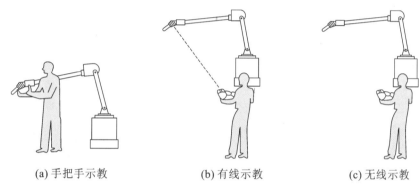

(a) 手把手示教　　　　　　(b) 有线示教　　　　　　(c) 无线示教

图 1-13　机器人示教方法

（4）智能机器人。智能机器人不仅可以完成预先设定的动作，还可以按照工作环境的变化改变动作。

（5）综合机器人。综合机器人是由操作机器人、示教再现机器人、智能机器人组合而成的机器人，如火星机器人。1997 年 7 月 4 日，火星探险者（Mars Pathfinder）在火星上着陆，着陆体是四面体形状，着陆后三个盖子的打开状态如图 1-14 所示。它在能上、下、左、右动作的摄像机平台上装有两台 CCD 摄像机，通过立体观测而得到空间信息。整个系统可以看作是由地面指令操纵的操作机器人。

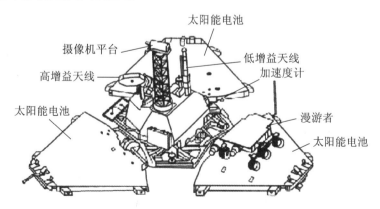

图 1-14　火星探险者着陆后三个盖子的打开状态

图 1-14 所示的火星机器人既可按地面上的指令移动,也能自主地移动。地面上的操纵人员通过电视可以了解火星地形,但由于电波往返一次大约需 40 分钟,因此不能一边观测一边进行操纵。所以,要考虑火星机器人的动作程序,可用这个程序先在地面进行移动实验,如果没有问题,再把它传送到火星上,火星机器人就可再现同样的动作。该机器人不仅能移动,而且能在到达指定目标后用自身的传感器一边检测障碍物一边安全移动。

◀ 1.3　工业机器人的定义和特点 ▶

工业机器人是机器人的一种,是一种仿人操作、自动控制、可重复编程、能在三维空间完成各种作业的机电一体化的自动化生产设备,特别适用于多品种、多批量的柔性生产。它对稳定和提高产品质量,提高生产效率,改善劳动条件和促进产品的快速更新换代起着十分重要的作用。工业机器人的兴起促进了大学及研究所开展对机器人的研究。

戴沃尔提出的工业机器人有以下特点:将数控机床的伺服轴与遥控操纵器的连杆机构连接在一起,预先设定的机械手动作经编程输入后,系统就可以离开人的辅助而独立运行。这种机器人还可以接受示教而完成各种简单的重复动作,示教过程中,机械手可依次通过工作任务的各个位置,这些位置序列全部记录在存储器内,任务执行过程中,机器人的各个关节在伺服驱动下依次再现上述位置,故这种机器人的主要技术功能被称为"可编程"和"示教再现"。

工业机器人最显著的特点有以下几个。

(1) 可编程。生产自动化的进一步发展是柔性自动化。工业机器人可随其工作环境变化的需要而再编程,因此它能在小批量、多品种、具有均衡高效率的柔性制造过程中发挥很好的功用,是柔性制造系统中的一个重要组成部分。

(2) 拟人化。工业机器人在机械结构上有类似人的行走、腰转、大臂、小臂、手腕、手爪等部分,在控制上有计算机。此外,智能化工业机器人还有许多类似人类的生物传感器,如皮肤型接触传感器、力传感器、负载传感器、视觉传感器、声觉传感器等。传感器提高了工业机器人对周围环境的自适应能力。

(3) 通用性。除了专门设计的专用的工业机器人外,一般工业机器人在执行不同的作业任务时具有较好的通用性。比如,更换工业机器人手部末端操作器(手爪、工具等)便可执行不同的作业任务。

(4) 工业机器技术涉及的学科相当广泛,归纳起来是机械学和微电子学的结合——机电一体化技术。第三代智能机器人不仅具有获取外部环境信息的各种传感器,而且具有记忆能力、语言理解能力、图像识别能力、推理判断能力等人工智能,这些都是微电子技术的应用,特别是与计算机技术的应用密切相关。因此,机器人技术的发展必将带动其他技术的发展,机器人技术的发展和应用水平也可以验证一个国家科学技术和工业技术的发展水平。

◀ 1.4　工业机器人的应用 ▶

自从 20 世纪 50 年代末人类创造了第一台工业机器人以后,机器人就显示出它强大的生命力,在短短几十年的时间中,机器人技术得到了迅速的发展,工业机器人已在工业发达国家的生产中得到了广泛的应用。

工业机器人的使用不仅能将工人从繁重或有害的体力劳动中解放出来,解决当前劳动力短缺问题,而且能够提高生产效率和产品质量,增强企业整体竞争力。服务机器人通常是可移动的,代替或协助人类完成为人类提供服务和安全保障的各种工作。工业机器人并不仅是简单意义上代替人工的劳动,它可作为一个可编程的高度柔性、开放的加工单元集成到先进制造系统,适用于多品种、大批量的柔性生产,可以提升产品的稳定性和一致性,在提高生产效率的同时加快产品的更新换代,对提高制造业自动化水平起到很大作用。使用工业机器人的好处如表 1-1 所示。

表 1-1 使用工业机器人的好处

优 点	内 容
提高劳动生产率	工业机器人能高强度地、持久地在各种环境中从事重复的劳动,改善劳动条件,减少人工用量,提高设备的利用率
提高产品稳定性	工业机器人动作准确性、一致性高,可以降低制造中的废品率,降低工人误操作带来的残次零件风险等
实现柔性制造	工业机器人具有高度的柔性,可实现多品种、小批量的生产
具有较强的通用性	工业机器人具有广泛的通用性,比一般自动化设备有更广泛的使用范围
缩短产品更新周期	工业机器人具有更强与可控的生产能力,可加快产品更新换代,提高企业竞争力

正是因为使用工业机器人具有上述好处,工业机器人及成套设备广泛应用于各个领域。目前,工业机器人已广泛应用于汽车及汽车零部件制造业、机械加工行业、电子电气行业、橡胶及塑料工业、食品工业、木材与家具制造业等领域中。在工业生产中,弧焊机器人、点焊机器人、装配机器人、喷漆机器人及搬运机器人等工业机器人都已被大量采用。工业机器人在各行业中的应用如表 1-2 所示。

表 1-2 工业机器人在各行业中的应用

行 业	具 体 应 用
汽车及其零部件	弧焊、点焊、搬运、装配、冲压、喷涂、切割(激光、离子)等
电子、电气	搬运、洁净装配、自动传输、打磨、真空封装、检测、拾取等
化工、纺织	搬运、包装、码垛、称重、切割、检测、上下料等
机械基础件	工件搬运、装配、检测、焊接、铸件去毛刺、研磨、切割(激光、离子)、包装、码垛、自动传送等
电力、核电	布线、高压检查、核反应堆检修、拆卸等
食品、饮料	包装、搬运、真空包装
塑料、轮胎	上下料、去毛边
冶金、钢铁	钢和合金锭搬运、码垛、铸件去毛刺、浇口切割
家电、家具	装配、搬运、打磨、抛光、喷漆、玻璃制品切割、雕刻
海洋勘探	深水勘探、海底维修、建造
航空航天	空间站检修、飞行器修复、资料收集
军事	防爆、排雷、兵器搬运、放射性检测

当今近 50％的工业机器人集中使用在汽车领域,主要进行搬运、码垛、焊接、喷涂和装配等复杂作业,因此,下面着重介绍这几类工业机器人的应用情况。

1. 搬运机器人

搬运作业是指用一种设备握持工件,从一个加工位置移到另一个加工位置。搬运机器人(transfer robot)可安装不同的末端操作器(如机械手爪、真空吸盘、电磁吸盘等)以完成各种不同形状和状态的工件搬运,大大减轻了人类繁重的体力劳动。通过编程控制,可以让多台机器人配合各道工序不同设备的工作时间,实现流水线作业的最优化。搬运机器人具有定位准确、工作节拍可调、工作空间大、性能优良、运行平稳及维修方便等特点。目前世界上使用的搬运机器人已超过 10 万台,广泛应用于机床上下料、自动装配流水线、码垛搬运、集装箱搬运等自动搬运。搬运机器人应用于自动装配流水线和机床上下料分别如图 1-15 和图 1-16 所示。

图 1-15　搬运机器人应用于自动装配流水线

图 1-16　搬运机器人应用于机床上下料

2. 码垛机器人

码垛机器人(robot palletizer,见图 1-17)是机电一体化高新技术产品。它可满足中低量的生产需要,也可按照要求的编组方式和层数,完成对料带、胶块、箱体等各种产品的码垛。码垛机器人替代人工搬运、码垛,能迅速提高企业的生产效率和产量,同时能减少人工搬运造成的错误。码垛机器人可全天候作业,由此每年能节约大量的人力资源成本,达到减员增效的目的。码垛机器人广泛应用于化工、饮料、食品、啤酒、塑料等生产企业,对纸箱、袋装、罐装、啤酒箱、瓶装等各种形状的包装成品作业都适用。

图 1-17　码垛机器人

3. 焊接机器人

焊接机器人(welding robot)是具有三个或三个以上可自由编程的轴,并能将焊接工具按要求送到预定空间位置,按要求轨迹及速度移动焊接工具的机器。它包括点焊机器人、弧焊机器人、激光焊接机器人等。机器人焊接是目前最大的工业机器人应用领域(如工程机械、汽车制造、电力建设、钢结构等)。焊接机器人能在恶劣的环境下连续工作并提供稳定的焊接质量,提高了工作效率,减轻了工人的劳动强度。采用机器人焊接是焊接自动化的革命性进步,突破了焊接刚性自动化(焊接专机)的传统方式,开拓了一种柔性自动化生产方式,实现了在一条焊接机器人生产线同时自动生产若干种焊件。通常使用的焊接机器人有点焊机器人和弧焊机器人两种。

1) 点焊机器人

点焊机器人(spot welding robot,见图1-18)是用于点焊自动作业的工业机器人。点焊机器人由机器人本体、计算机控制系统、示教盒和点焊焊接系统几个部分组成。为了适应灵活动作的工作要求,点焊机器人通常选用关节型工业机器人的基本设计,一般具有腰转、大臂转、小臂转、腕转、腕摆及腕捻六个自由度。其驱动方式有液压驱动和电气驱动两种。其中电气驱动具有保养和维修简便、能耗低、速度高、精度高、安全性好等优点,因此应用较为广泛。点焊机器人按照示教程序规定的动作、顺序和参数进行点焊作业,其过程是完全自动的,并且具有与外部设备通信的接口,可以通过这一接口接受上一级主控与管理计算机的控制命令进行工作。

图 1-18　点焊机器人

点焊机器人的典型应用领域是汽车工业。一般装配每台汽车车体需要完成 3 000～4 000 个焊点,而其中的 60% 是由点焊机器人完成的。在有些大批量汽车生产线上,服役的机器人台数甚至高达 150 台。汽车工业引入点焊机器人已取得了下述明显效益:改善多品种混流生产的柔性;提高焊接质量;提高生产率;把工人从恶劣的作业环境中解放出来。今天,点焊机器人已经成为汽车生产行业的支柱。

点焊机器人在汽车装配生产线上的大量应用大大提高了汽车装配焊接的生产效率和焊接质量,同时点焊机器人又具有柔性焊接的特点,即只要改变程序,就可在同一条生产线上对不同的车型进行装配焊接。

2) 弧焊机器人

一般的弧焊机器人(arc welding robot,见图1-19)由示教盒、控制盘、机器人本体及自动送丝装置、焊接电源等部分组成。它可以在计算机的控制下实现连续轨迹控制和点位控制,还可以利用直线插补和圆弧插补功能焊接由直线及圆弧所组成的空间焊缝。弧焊机器人主要有熔化极焊接作业和非熔化极焊接作业两种类型,具有可长期进行焊接作业以及保证焊接作业的高生产效率、高质量和高稳定性等特点。随着技术的发展,弧焊机器人正向着智能化的方向发展。

图 1-19　弧焊机器人

4. 喷涂机器人

喷涂机器人(spray painting robot,见图 1-20)是可进行自动喷漆或喷涂其他涂料的工业机器人。喷涂机器人主要由机器人本体、计算机和相应的控制系统组成。喷涂机器人包括全方位的喷涂和涂装机器人,为制造业客户提供一个完整的涂装自动化解决方案。液压驱动的喷漆机器人还包括液压油源,如油泵、油箱和电机等。它多采用五或六自由度关节型结构,手臂有较大的运动空间,并可作复杂的轨迹运动,其腕部一般有 2~3 个自由度,可灵活运动。较先进的喷涂机器人腕部采用柔性手腕,既可向各个方向弯曲,又可转动,其动作类似人的手腕,能方便地通过较小的孔伸入工件内部,喷涂其内表面。喷涂机器人一般采用液压驱动。喷涂机器人的优点包括:动作速度快,具有更大的灵活性,防爆性能好;通过机器人视觉减少到最小的错误;具有高速性能的最大化吞吐量;超长的系统运行时间;可通过手把手示教或点位示数来实现示教。

图 1-20　喷涂机器人

机器人涂装工作站或生产线充分利用了机器人灵活、稳定、高效的特点,适用于生产量大、产品型号多、表面形状不规则的工件外表面涂装,广泛应用于汽车及汽车零配件(如发动机、保险杠、变速箱、弹簧、板簧、塑料件、驾驶室等)、铁路(如客车、机车、油罐车等)、家电(如电视机、电冰箱、洗衣机等)、建材(如卫生陶瓷)、机械(如电动机减速器)等行业。

5. 装配机器人

装配机器人（assemble robot，见图 1-21）是柔性自动化系统的核心设备，由机器人操作机、控制器、末端操作器和传感系统组成。其中机器人操作机的结构类型有水平关节型、直角坐标型、多关节型和圆柱坐标型等；控制器一般采用多 CPU 或多级计算机系统，实现运动控制和运动编程；末端操作器为适应不同的装配对象而被设计成各种"手爪"；传感系统用于获取装配机器人与环境和装配对象之间相互作用的信息。与一般工业机器人相比，装配机器人具有高效、精度高、柔性好、可不间断工作、工作范围小、能与其他系统配套使用等特点，主要应用于各种电器的制造行业及流水线产品的组装作业。

图 1-21 装配机器人

综上所述，在工业生产中应用机器人，可以方便、迅速地改变作业内容或操作方式，以满足生产要求的变化。例如改变焊缝轨迹，改变涂装位置，变更装配部件或位置等。随着对工业生产线柔性的要求越来越高，对各种机器人的需求也会越来越强烈。

◀ 1.5 工业机器人品牌介绍 ▶

工业机器人是集机械、电子、控制、计算机、传感器、人工智能等多学科先进技术于一体的现代制造业重要的自动化装备。目前，在全球范围内工业机器人技术日趋成熟，已经成为一种标准设备而得到工业界的广泛应用，从而也形成了一批较有影响力的知名工业机器人公司。

自 1969 年，美国通用汽车公司用 21 台工业机器人组成了焊接轿车车身的自动生产线后，各工业发达国家都非常重视研制和应用工业机器人，进而也相继形成一批在国际上较有影响力的著名的工业机器人公司。这些公司目前在中国的工业机器人市场也处于领先地位，主要分为日系和欧系两种。具体来说，又可分成"四大"和"四小"两个阵营，"四大"即为瑞典 ABB，日本 FANUC（发那科）及 YASKAWA（安川电机）、德国 KUKA（库卡），"四小"为日本 OTC、PANASONIC、NACHI（不二越）和 KAWASAKI（川崎）。其中，日本 FANUC 与 YASKAWA、瑞典 ABB 这 3 家企业在全球机器人销量均突破了 20 万台，KUKA 机器人的销量也突破了 15 万台。国内工业机器人产业增长的势头也非常强劲,涌现了一批工业机器人厂商,如中国科学院沈阳自动化研究所投资组建的沈阳新松机器人自动化股份有限公司。

1. 瑞典 ABB

瑞典 ABB 总部位于瑞士苏黎世,是目前世界行最大的机器人制造企业。1974 年,ABB 成功研发出全球第一台市售全电动微型处理器控制的工业机器人 IRB6,主要应用于工件的取放和物料的搬运。一年后,ABB 持续发力,又生产出了全球第一台焊接机器人。直至 1980 年兼并 Trallfa 喷涂机器人,ABB 在产品结构上趋向于完备。

20 世纪末,为了更好地扩张与发展,ABB 进军中国市场,于 1999 年成立上海 ABB。上海 ABB 是 ABB 在华工业机器人以及系统业务(机器人)、仪器仪表(自动化产品)、变电站自动化系统(电力系统)和集成分析系统(工程自动化)的主要生产基地。

ABB 生产的工业机器人主要应用于焊接、装配、铸造、密封涂胶、材料处理、包装、喷涂、水切割等领域。

2. 德国 KUKA

德国 KUKA 成立于 1898 年,是具有百年历史的知名企业,最初主要专注于室内及城市照明。但不久之后,库卡就涉足至其他领域(焊接工具及设备,大型容器),1966 年更是成为欧洲市政车辆的市场领导者。1973 年,库卡研发出 FAMULUS——世界上首台拥有六个机电驱动轴的工业机器人。到了 1995 年,库卡机器人技术脱离库卡焊接及机器人独立。现今,库卡专注于向工业生产过程提供先进的自动化解决方案。

库卡机器人(上海)有限公司是库卡在德国以外开设的全球首家海外工厂,主要生产库卡工业机器人和控制台,应用于汽车焊接及组建等工序,其产量占据了库卡全球生产总量的三分之一。

库卡机器人主要产品包括 Scara 及六轴工业机器人、货盘堆垛机器人、作业机器人、架装式机器人、冲压连线机器人、焊接机器人、净室机器人、机器人系统和单元。

3. 日本 NACHI

NACHI 总工厂在日本富山,公司成立于 1928 年,除了做精密机械、刀具、轴承、油压机等外,机器人部分也是它的重点部分。它起先为日本丰田汽车生产线机器人的专供厂商,专业做大型的搬运机器人、点焊机器人、弧焊机器人、涂胶机器人、无尘室用 LCD 玻璃板传输机器人和半导体晶片传输机器人、高温等恶劣环境中用的专用机器人、和精密机器配套的机器人和机械手臂等。其控制器由原来的 AR 到 AW 再到 WX,控制操作已经完全中文化,编程试教简单。

NACHI 是从原材料产品到机床的全方位综合制造型企业,有机械加工、工业机器人、功能零部件等丰富的产品,且产品的应用领域也十分广泛,如航天工业、轨道交通、汽车制造、机加工等。NACHI 着眼全球,从欧美市场扩展到中国市场,下一步将开发东南亚市场。

4. 日本 YASKAWA

日本 YASKAWA 具有近百年的历史,自 1977 年研制出第一台全电动工业机器人以来,已有 41 年的机器人研发生产经验,旗下拥有 Motoman 美国、瑞典、德国以及 Synetics Solutions 美国企业。到 20 世纪 80 年代末,YASKAWA 生产了 13 万台机器人产品,其产量超过了同期的机器人制造企业。1999 年，YASKAWA 在中国上海独资筹建了安川电机企业，主要负责安川变频器、伺服电机、控制器、机器人、各类系统工程设备、附件等机电一体化产品在我国的销售及服务。

随着业务范围和企业规模的不断扩大，YASKAWA 在上海设立了总部，在广州、北京、成都等重要城市设立了分部，组成了一个强大而全面的服务网络。

YASKAWA 核心的工业机器人产品包括点焊机器人、弧焊机器人、油漆和处理机器人、LCD 玻璃板传输机器人和半导体晶片传输机器人等。

5. 日本 FANUC

FANUC 公司的前身致力于数控设备和伺服系统的研制和生产。1972 年，从日本富士通公司的计算机控制部门独立出来，成立了 FANUC 公司。FANUC 公司包括两大主要业务，一是工业机器人，二是工厂自动化。2004 年，FANUC 公司的营业总收入为 2 648 亿日元，其中工业机器人（包括铸模机产品）销售收入为 1 367 亿日元，占总收入的 51.6%。

其最新开发的工业机器人产品如下。

（1）R-2000iA 系列多功能智能机器人：具有独特的视觉和压力传感器功能，可以将随意堆放的工件捡起，并完成装配。

（2）Y4400LDiA 高功率 LD YAG 激光机器人：拥有 4.4 千瓦 LD YAG 激光振荡器，具有更高的效率和可靠性。

FANUC 是日本一家专门研究数控系统的公司，是世界上唯一一家由机器人来做机器人的公司，是世界上唯一提供集成视觉系统的机器人企业。FANUC 机器人产品系列多达 240 种，广泛应用在装配、搬运、焊接、铸造、喷涂、码垛等不同生产环节。

6. 日本 KAWASAKI

KAWASAKI 在物流生产线上提供了多种多样的机器人产品，在饮料、食品、肥料、太阳能等多个领域都有非常可观的销量。KAWASAKI 的码垛、搬运等机器人种类繁多，它针对客户工场的不同状况和不同需求提供最适合的机器人。并且公司内部有展示用喷涂机器人、焊接机器人，以及试验用喷房等，能够为顾客提供各种相关服务。

7. 瑞士史陶比尔

史陶比尔制造生产精密机械电子产品：纺织机械、工业接头和工业机器人。系列齐全的轻、中、重负载机器人、四轴 Scara 机器人、六轴机器人、特殊机器人，专用于众多不同行业和应用。目前史陶比尔生产的工业机器人具有更快的速度、更高的精度、更好的灵活性和更好的用户环境的特点。

8. 意大利柯马

柯马研发出的全系列机器人产品，负载范围最小可至 6 千克，最大可达 800 千克。柯马最新一代 SMART 系列机器人是针对点焊、弧焊、搬运、压机自动连线、铸造、涂胶、组装和切割的 SMART 自动化应用方案的技术核心。柯马以其不断创新的技术，成为机器人自动化集成解决方案的佼佼者。

9. 中国新松

沈阳新松机器人自动化股份有限公司（简称"新松"）是以中国科学院沈阳自动化研究所为主发起人投资组建的高技术公司，是机器人国家工程研究中心、"国家 863 计划"智能机器人主题产业化基地。国家高技术研究发展计划成果产业化基地。该公司是国内率先通过 ISO9001 质量保证体系认证的机器人企业,并在《福布斯》2005 年发布的"中国潜力 100 榜"上名列第 48 位。其产品包括 RH6 弧焊机器人、RD120 点焊机器人,以及水切割、激光加工、排险、浇注等特种机器人。

新松是以机器人及自动化技术为核心,致力于数字化高端装备制造的高技术企业,在工业机器人、智能物流、自动化成套装备、智能服务机器人等领域呈产业群组化发展。公司以工业机器人技术为核心,形成了大型自动化成套装备与多种产品类别,广泛应用于汽车整车及汽车零部件、工程机械、轨道交通、低压电器等行业。

10. 安川首钢

安川首钢由中国首钢总公司、日本株式会社安川电机和日本岩谷产业株式会社共同投资组建,三方出资比例分别为 45％、43％和 12％。它引进日本株式会社安川电机最新 UP 系列机器人生产技术生产"SG-MOTOMAN"机器人,并设计制造应用于汽车、摩托车、工程机械、化工等行业的焊接、喷漆、装配、研磨、切割和搬运等领域的机器人、机器人工作站等,是目前国内最大、最先进的机器人生产基地,年生产能力为 800 台。

【本章小结】

工业机器人是面向工业领域的多关节机械手或多自由度的机器装置,它能自动执行工作,是靠自身动力和控制能力来实现各种功能的一种机器。它可以接受人类指挥,也可以按照预先编排的程序运行,现代的工业机器人还可以根据利用人工智能技术制定的原则纲领行动。

工业机器人按其发展过程大致可以分为三代。第一代机器人为示教再现机器人。它是通过一台计算机来控制一个多自由度的机械。它存储示教存储程序和信息,工作时将信息重现,并发出指令,这样机器人就可以重复示教时的结果,再现出示教时的动作。第二代机器人为感知型机器人。这种类型的机器人就好像是人具有某种功能的感觉,机器人实际工作时,可以通过感觉功能去感知环境与自身的状况,形成机器人本身与环境的协调。第三代机器人为智能机器人。从理论上来说,智能机器人是一种带有思维能力的机器人,能根据给定的任务去自主地设定完成工作的流程,并不需要人在实现目标任务过程中进行干预。智能机器人目前的发展还是相对的,只是局部地符合这种智能的概念和含义,尚处于实验研究阶段。

工业机器人对于新兴产业的发展和传统产业的转型都起着非常重要的作用。目前机器人在生产中的应用范围越来越广。受市场需求等的驱动,机器人产业将快速发展。

对于机器人代替人工,除降低人力成本、降低人力贡献以及新型定制化生产的出现等因素之外,更多的是全球制造业正处于再次升级阶段,即制造业自动化转型升级,高度的自动化生产将是今后的发展趋势。

【思考与练习】

一、填空题

1. 国际工业机器人技术日趋成熟,基本沿着两个路径在发展:一是模仿人的_____,实现多维运动,在应用上比较典型的是点焊机器人、弧焊机器人;二是模仿人的_____,实现物料输送、传递等搬运功能,如搬运机器人。

2. 按照机器人的技术发展水平,可以将工业机器人分为三代,即_____机器人、_____机器人和_____机器人。

3. 工业机器人的基本特征是_____、_____、_____、_____。

二、选择题

1. 工业机器人一般具有的基本特征是(   )。

①拟人性　②特定的机械机构　③不同程度的智能　④独立性　⑤通用性

A.①②③④　　　　B.①②③⑤　　　　C.①③④⑤　　　　D.②③④⑤

2. 按基本动作机构,工业机器人通常可分为(   )。

①直角坐标机器人　②柱面坐标机器人　③球面坐标机器人　④多关节型机器人

A.①②　　　　　　B.①②③　　　　　C.①③　　　　　　D.①②③④

3. 机器人行业所说的四巨头指的是(   )。

①PANASONIC　②FANUC　③KUKA　④OTC　⑤YASKAWA　⑥KAWASAKI　⑦NACHI　⑧ABB

A.①②③④　　　　B.①②③⑧　　　　C.②③⑤⑧　　　　D.①③⑤⑧

三、判断题

1. 工业机器人是一种能自动控制,可重复编程,多功能、多自由度的操作机。(　　　)

2. 发展工业机器人的主要目的是在不违背"机器人三原则"前提下,用机器人协助或替代人类从事一些不适合人类甚至超越人类的工作,把人类从大量的、烦琐的、重复的、危险的岗位中解放出来,实现生产自动化、柔性化,避免工伤事故和提高生产效率。(　　　)

3. 直角坐标机器人具有结构紧凑、灵活、占地空间小等优点,直角坐标是目前工业机器人大多采用的结构形式。(　　　)

四、简答与分析题

1. 什么是 Scara 机器人?它在应用上有何特点?

2. 请简述工业机器人的应用实例,并根据实际分析近 5 年本地工业机器人的发展情况。

第 2 章

工业机器人的基本组成

◀ 2.1　工业机器人基本组成概述 ▶

工业机器人是一种集机械、电子、信息、控制理论、计算机、人工智能等多学科于一体的自动化设备,如图 2-1 所示。它由三大部分六个子系统组成。三大部分是指机械部分、感受部分、控制部分。六个子系统是指机械结构系统、驱动系统、传感系统、控制系统、机器人-环境交互系统和人机交互系统,如图 2-2 所示。

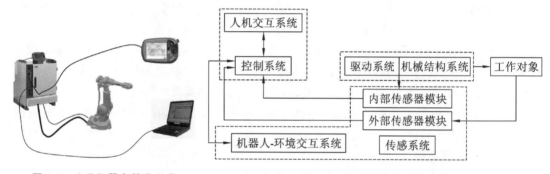

图 2-1　工业机器人基本组成　　　图 2-2　工业机器人系统组成

1. 机械部分

机械部分是机器人的躯干部分,也就是我们常说的机器人本体部分。这部分主要可以分为以下两个系统。

1) 机械结构系统

机械结构系统是机器人完成工作任务的实体,由动力关节和连接杆件构成,用于支承和调整手腕和末端操作器的位置。

2) 驱动系统

要使机器人运行起来,需要给各个关节提供动力,这个动力源就是驱动系统。驱动系统传动部分可以是液压传动系统、电动传动系统、气动传动系统,也可以是几种系统结合而成的综合传动系统。

2. 感受部分

感受部分就好比人类的五官,主要作用是获取内外部信息并将其传递给控制系统,使得机器人对环境做出反应。这部分主要可以分为以下两个系统。

1) 传感系统

感受系统由内部传感器模块和外部传感器模块组成,用于获取内部和外部环境状态中有意义的信息。智能传感器可以提高机器人的机动性、适应性和智能化的水准。对于一些特殊的信息,传感器的灵敏度甚至可以超越人类的感觉系统。

2）机器人-环境交互系统

机器人-环境交互系统是实现工业机器人与外部环境中的设备相互联系和协调的系统。工业机器人与外部设备集成为一个功能单元,如加工制造单元、焊接单元、装配单元等。也可以是多台工业机器人、多台机床设备或者多个零件存储装置集成为一个能执行复杂任务的功能单元。

3. 控制部分

控制部分相当于机器人的大脑部分,可以直接或者通过人工对机器人的动作进行控制。控制部分可以分为以下两个系统。

1）人机交互系统

人机交互系统是使操作人员参与机器人控制并与机器人进行联系的装置,如计算机的标准终端、指令控制台、信息显示板、危险信号警报器、示教器等。简单来说,该系统可以分为指令给定系统和信息显示装置两大部分。

2）控制系统

控制系统主要根据机器人的作业指令程序以及从传感器获取的信号来控制机械部分,使其完成规定的运动和实现规定的功能。

根据是否具备信息反馈特征,控制系统分为开环控制系统和闭环控制系统:若不具备信息反馈特征,则为开环控制系统;若具备信息反馈特征,则为闭环控制系统。根据控制原理,控制系统可以分为程序控制系统、适应性控制系统和人工智能控制系统。根据位置控制方式,控制系统可以分为点位控制系统和轨迹控制系统。

通过这三大部分六个子系统的协调作业,工业机器人成为一台高精密度的自动化设备,具备工作精度高、稳定性强、工作速度快等特点,为企业提高生产效率和产品质量奠定了基础。

2.2 工业机器人的机械结构系统

2.2.1 工业机器人机械结构系统的组成

工业机器人机械结构系统主要由手部、腕部、臂部、腰部和机座五大部分构成,如图 2-3 所示。

1. 手部

工业机器人的手部也叫作末端操作器,是装在机器人手腕上直接抓握工件或执行作业的部件。手部对于工业机器人来说是决定完成作业质量、作业柔性好坏的关键部件之一。

手部可以像人手那样具有手指,也可以不具备手指;可以是类似人手的手爪,也可以是进行某种作业的专用工具,如机器人手腕上的焊枪、油漆喷头等。各种手部的工作原理不同,结构形式各异。

2. 腕部

工业机器人的腕部是连接手部和臂部的部件,起支承手部的作用。工业机器人腕部一

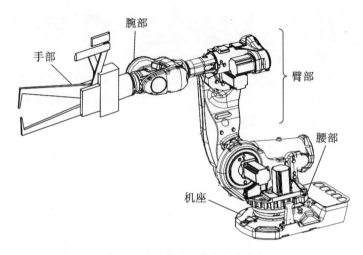

图 2-3 工业机器人的机械结构系统

般具有六个自由度才能使手部到达目标位置和处于期望的姿态,腕部的自由度主要用于实现所期望的姿态,并扩大臂部运动范围。腕部按自由度个数可分为单自由度腕部、二自由度腕部和三自由度腕部。腕部实际所需要的自由度数目应根据工业机器人的工作性能要求来确定。在有些情况下,腕部具有翻转和俯仰或翻转和偏转两个自由度。有些专用机器人没有腕部,而是直接将手部安装在臂部的前端;有的腕部为了满足特殊要求还有横向移动自由度。

3. 臂部

工业机器人的臂部是连接腰部和腕部的部件,用来支承腕部和手部,实现较大运动范围。臂部一般由大臂、小臂(或多臂)组成。臂部总质量较大,受力一般比较复杂,在运动时,直接承受腕部、手部和工件的静、动载荷,尤其是在高速运动时,将产生较大的惯性力(或惯性力矩),引起冲击,影响定位精度。

4. 腰部

工业机器人的腰部是连接臂部和机座的部件,通常是回转部件。它的回转,再加上臂部的运动,能使腕部作空间运动。腰部是执行机构的关键部件,它的制作误差、运动精度和平稳性对工业机器人的定位精度有决定性的影响。

5. 机座

工业机器人的机座是整个工业机器人的支持部分,有固定式和移动式两类。移动式机座用来扩大工业机器人的活动范围,有的是专门的行走装置,有的是轨道、滚轮机构。机座必须有足够的刚度和稳定性。

2.2.2 工业机器人机械结构系统的基本术语

工业机器人的机械结构系统通常由一系列连杆、关节或其他形式的运动副组成。下面介绍它的基本术语。

1. 关节

关节(joint)即运动副,是允许工业机器人手臂各零件之间发生相对运动的机构,是两构件直接接触并能产生相对运动的活动连接,如图 2-4 所示。在图 2-4 中,1、2 两部件可以做互动连接。

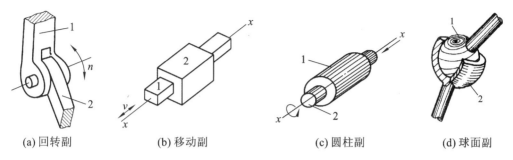

(a) 回转副　　　　　　(b) 移动副　　　　　　(c) 圆柱副　　　　　　(d) 球面副

图 2-4　工业机器人的关节

关节是各杆件间的结合部分,是实现机器人各种运动的运动副。工业机器人常用的关节如下。

1)回转关节

回转关节,又叫作回转副、旋转关节,是使连接两构件的组件中的一件相对于另一件绕固定轴线转动的关节,两个构件之间只作相对转动。例如,手臂与机座、手臂与手腕之间就存在相对回转或摆动的关节机构。回转关节由驱动器、回转轴和轴承组成。多数电动机能直接产生旋转运动,但常需各种齿轮、链、带传动或其他减速装置,以获取较大的转矩。

2)移动关节

移动关节,又叫作移动副、滑动关节、棱柱关节,是使两构件的组件中的一件相对于另一件作直线运动的关节,两个构件之间只作相对移动。它采用直线驱动方式传递运动,包括直角坐标结构的驱动、圆柱坐标结构的径向驱动和垂直升降驱动,以及极坐标结构的径向伸缩驱动。直线运动可以直接由气缸或液压缸和活塞产生,也可以采用齿轮齿条、丝杠、螺母等传动元件把旋转运动转换成直线运动。

3)圆柱关节

圆柱关节,又叫作回转(移动)副、分布关节,是使两构件的组件中的一件相对于另一件移动或绕一移动轴线转动的关节。两个构件之间除了作相对转动之外,还同时可以作相对移动。

4)球关节

球关节,又叫作球面副,是使两构件的组件中的一件相对于另一件在三个自由度上绕一固定点转动的关节,即组成运动副的两个构件能绕一球心作三个独立的相对转动的运动副。

2. 连杆

连杆(link)指机器人手臂上被相邻两关节分开的部分,是保持各关节间固定关系的刚体,是机械连杆机构中两端分别与主动构件和从动构件铰接以传递运动和力的杆件。例如,在往复活塞式动力机械和压缩机中,用连杆来连接活塞与曲柄。连杆多为钢件,其主体部分的截面多为圆形或“工”字形,两端有孔,孔内装有青铜衬套或滚针轴承,供装入轴销而形成铰接。

连杆是工业机器人中的重要部件,它连接着关节,作用是将一种运动形式转变为另一种运动形式,并把作用在主动构件上的力传给从动构件以输出功率。

3. 刚度

刚度(stiffness)是指工业机器人机身或臂部在外力的作用下抵抗变形的能力。它是用外力和在外力作用方向上的变形量(位移)之比来度量的。在弹性范围内,刚度是零件载荷与位移成正比的比例系数,即引起单位位移所需的力。它的倒数称为柔度,即单位力引起的位移。刚度可分为静刚度和动刚度。

在任何力的作用下,体积和形状都不发生改变的物体叫作刚体(rigid body)。在物理学上,理想的刚体是一个固体的、尺寸值有限的、形变情况可以被忽略的物体。不论是否受力,在刚体内任意两点的距离都不会改变。在运动中,刚体内任意一条直线在各个时刻的位置都保持平行。

2.2.3　工业机器人的图形符号

1. 工业机器人运动副的图形符号

工业机器人所用的零件和材料以及装配方法等与现有的各种机械完全相同。工业机器人常用运动副的图形符号如表 2-1 所示。

表 2-1　工业机器人常用运动副的图形符号

运动副名称	图 形 符 号	图　形
回转副		
移动副		
圆柱副		
球面副		

运动副名称	图 形 符 号	图　　形
高副	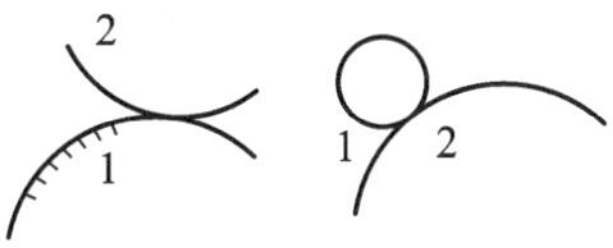	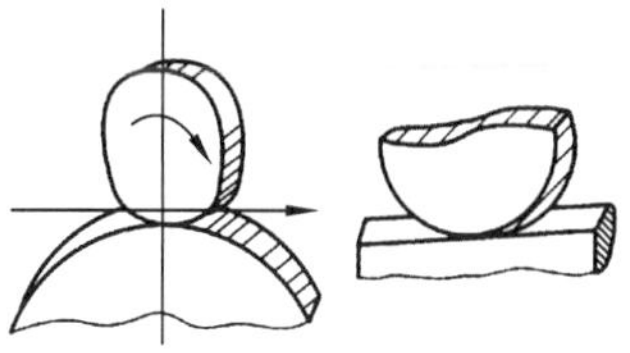
螺旋副	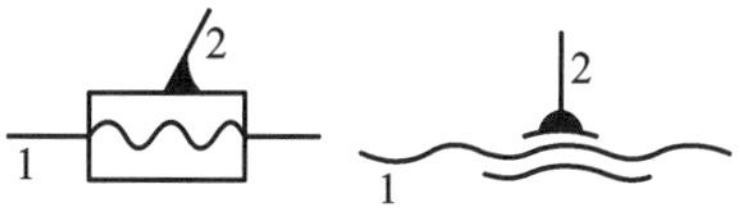	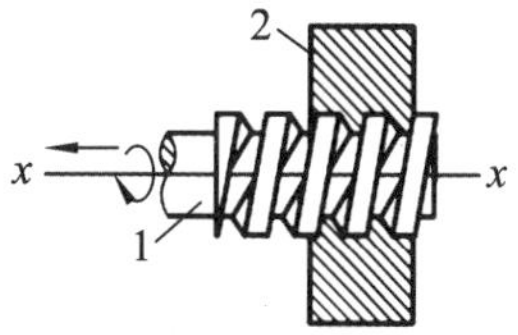

2. 工业机器人运动机构的图形符号

工业机器人常用运动机构的图形符号如表 2-2 所示。

表 2-2　工业机器人常用运动机构的图形符号

序　号	名　　称	自由度	图形符号	参考运动方向	备　注
1	直线运动关节	1			—
2	旋转运动关节（1）	1			—
3	旋转运动关节（2）	1			平面
4		1	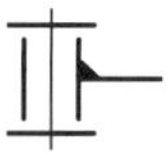		立体
5	轴套式关节	2			—
6	球关节	3			—
7	末端操作器	—	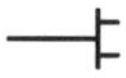	—	—

3. 工业机器人的图形符号表示

工业机器人的机构简图是描述工业机器人组成机构的直观图形表达形式,是将工业机器人的各个运动部件用简便的符号和图形表达出来的一种方式。图2-5所示为应用上面表格中的图形符号绘制的常见的四种坐标机器人的机构简图。

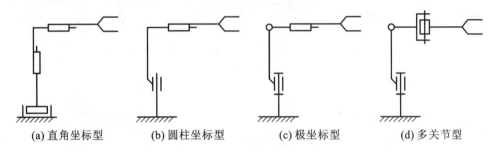

(a) 直角坐标型　　(b) 圆柱坐标型　　(c) 极坐标型　　(d) 多关节型

图2-5　常见的四种坐标机器人的机构简图

图2-6所示为工业机器人简图和机构运动原理图示例。机构运动原理图将工业机器人的运动功能原理用简明的符号和图形表达出来,是建立工业机器人坐标、进行工业机器人运动学和动力学分析、设计工业机器人传动原理图的基础。

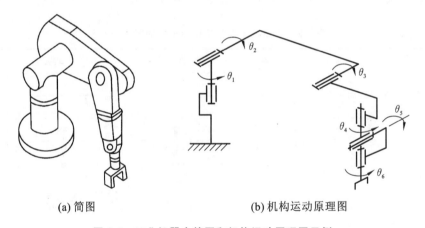

(a) 简图　　　　　　　　　(b) 机构运动原理图

图2-6　工业机器人简图和机构运动原理图示例

2.2.4　工业机器人的传动机构

要使工业机器人运行起来,需给各个关节安置传动装置,来驱动关节的移动或转动,传递运动和动力。图2-7所示为某款工业机器人本体内部结构透视图,从这个图中可以看到工业机器人本体的驱动件和传动装置。工业机器人的传动机构与一般机械的传动机构大致相同。但工业机器人的传动系统要求结构紧凑、质量轻、转动惯量和体积小,要求消除传动间隙,要求有较好的运动和位置精度。工业机器人传动机构可以分为直线传动机构和旋转传动机构两大类。

1. 直线传动机构

直线传动方式可用于直角坐标机器人的 X、Y、Z 向驱动,圆柱坐标机器人的径向驱动和垂直升降驱动,以及球坐标机器人的径向伸缩驱动。

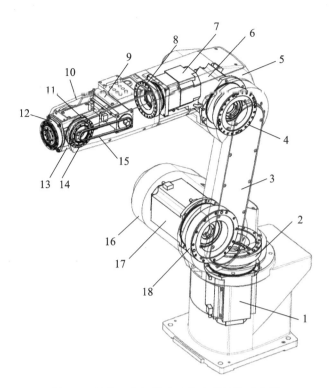

图 2-7　某款工业机器人本体内部结构透视图
1,6,7,9,11,17—轴电机;2,4,8,12,14,18—轴减速齿轮;3—大臂;5—肘关节;
10—小臂;13—腕关节;15—轴同步带;16—肩关节

直线运动可以通过齿轮齿条、丝杠螺母等传动元件由旋转运动转换而成,也可以由直线驱动电机产生,还可以直接由气缸或液压缸和活塞产生。

1) 齿轮齿条装置

齿条通常是固定不动的。当齿轮传动时,齿轮轴连同拖板沿齿条方向作直线运动,这样,齿轮的旋转运动就转换成为拖板的直线运动,如图 2-8 所示。拖板是由导杆或导轨支承的。该结构简单紧凑、传递效率高,但回差大。

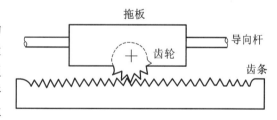

图 2-8　齿轮齿条装置

2) 普通丝杠

普通丝杠驱动是由一个旋转的精密丝杠驱动一个螺母沿丝杠轴向移动。由于普通丝杠的摩擦力较大,效率低,惯性大,在低速时容易产生爬行现象,而且精度低,回差大,因此它在工业机器人上很少采用。

3) 滚珠丝杠

在工业机器人上经常采用滚珠丝杠,这是因为滚珠丝杠的摩擦力很小且运动响应速度快。由于在丝杠螺母的螺旋槽里放置了许多滚珠,传动过程中滚珠丝杠所受的摩擦力是滚动摩擦,摩擦力极大地减小了,因此传动效率高,消除了低速运动时的爬行现象。在装配滚珠丝杠时施加一定的预紧力,可消除回差。

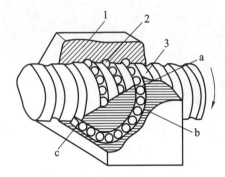

图 2-9　滚珠丝杠螺母副

1—螺母；2—滚珠；3—丝杆；

a，c—滚道；b—回路管道

滚珠丝杠螺母副在丝杠和螺母上都加工有圆弧形的螺旋槽，如图 2-9 所示，这两个圆弧形的螺旋槽对合起来就形成了螺旋滚道。在滚道内装滚珠，当丝杠和螺母相对运动时，滚珠沿螺母上的螺旋槽向前滚动，因此丝杠与螺母之间基本上为滚动摩擦。为了防止滚珠从螺母中滚出来，在螺母的螺旋槽两端设有回程引导装置，滚珠在丝杠上滚过数圈以后通过回程引导装置，又逐个地滚回到丝杠和螺母之间，构成一个闭合的回路。

滚珠丝杠的传动效率可以达到 90%，所以只需要使用极小的驱动力，并采用较小的驱动连接件就能够传递运动。

2. 旋转传动机构

1）齿轮传动机构

齿轮传动机构是由两个或两个以上的齿轮组成的传动机构。它不但可以传递运动角位移和角速度，而且可以传递力和力矩。

通常，齿轮传动机构有圆柱齿轮传动机构、斜齿轮传动机构、锥齿轮传动机构、蜗轮蜗杆传动机构、行星轮系传动机构五种类型，如图 2-10 所示。其中圆柱齿轮传动机构的传动效率约为 90%，因为结构简单、传动效率高，圆柱齿轮传动机构在机器人设计中最常见；斜齿轮传动机构的传动效率约为 80%，斜齿轮传动机构可以改变输出轴方向；锥齿轮传动机构的传动效率约为 70%，锥齿轮传动机构可以使输入轴与输出轴不在同一个平面，传动效率低；蜗轮蜗杆传动机构的传动效率约为 70%，蜗轮蜗杆传动机构的传动比大，传动平稳，可实现自锁，但传动效率低，制造成本高，需要润滑；行星轮系传动机构的传动效率约为 80%，传动比大，但结构复杂。

(a) 圆柱齿轮传动机构　　(b) 斜齿轮传动机构　　(c) 锥齿轮传动机构

(d) 蜗轮蜗杆传动机构　　(e) 行星轮系传动机构

图 2-10　齿轮传动机构

2）同步带传动机构

同步带类似于工厂的风扇带和其他传动带,所不同的是这种带上具有许多型齿,与同样具有型齿的同步带轮齿相啮合,如图 2-11 所示。工作时,同步带相当于柔软的齿轮,具有柔性好和价格便宜两大优点。另外,同步带还被用于输入轴和输出轴方向不一致的情况。这时,只要同步带足够长,带的扭角误差不太大,则同步带仍能够正常工作。此外,同步带传动机构比齿轮传动机构价格低得多,加工也容易得多。有时,齿轮链和同步带结合起来使用更为方便。

3）谐波齿轮传动机构

与一般齿轮传动和蜗轮蜗杆传动不同,谐波齿轮传动机构基于一种变形原理,由柔轮、谐波发生器和刚轮构成,如图 2-12 所示。谐波发生器为主动件,刚轮或柔轮为从动件。刚轮有内齿圈,柔轮有外齿圈,齿形均为渐开线形或三角形,周节相同而齿数不同,刚轮的齿数比柔轮的齿数多几个。柔轮呈薄圆筒形,由于谐波发生器的长径比柔轮的内径略大,故装配在一起时就将柔轮撑成椭圆形。

图 2-11　同步带传动机构

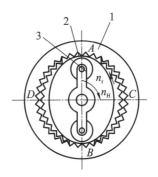

图 2-12　谐波齿轮传动机构

1—刚轮;2—柔轮;3—谐波发生器

谐波发生器有两个触头,在椭圆长轴方向柔轮与刚轮的牙齿相啮合,在椭圆短轴方向柔轮和刚轮牙齿完全分离。当谐波发生器逆时针转一圈时,两轮的相对位移为两个齿距。当刚轮固定时,则柔轮的回转方向与谐波发生器的回转方向相反。

谐波齿轮传动机构的传动比大(单级传动比可达 250),承载能力强,传动精度高、回程误差小,传动效率高,体积小,质量轻,但对材料、加工、热处理要求高,散热条件差,转动惯量大。目前,工业机器人的旋转关节中有 60%～70%都使用谐波齿轮传动机构。

◀◀ 2.3　工业机器人的驱动系统 ▶▶

20 世纪 70 年代后期,日本安川电机研制开发出了第一台全电动的工业机器人,而此前的工业机器人基本上采用液压驱动方式。与采用液压驱动的工业机器人相比,采用伺服电动机驱动的工业机器人在响应速度、精度、灵活性等方面都有很大提高,因此,也逐步代替了采用液压驱动的工业机器人,同时伺服电动机驱动也成为工业机器人驱动方式的主流。在此过程中,谐波减速器、RV 减速器等高性能减速机构的发展也功不可没。近年来,交流伺服驱动方式已经逐渐代替传统的直流伺服驱动方式,直线电动机驱动等新型驱动方式在许多应用领域也有了长足发展。

在工业机器人的机械部分中,驱动器按照控制系统发出的指令信号,通过联轴器带动驱动装置,然后通过关节轴带动杆件运动,相当于人的肌肉、经络。

2.3.1 工业机器人驱动系统概述

工业机器人的驱动系统是主要用于提供工业机器人各部位、各关节动作的原动力,直接或间接地驱动机器人本体,以获得工业机器人的各种运动的执行机构。工业机器人驱动系统的能量转换示意图如图 2-13 所示。要使工业机器人运行起来,需要给其各个关节即每个运动自由度安置驱动装置。

图 2-13　工业机器人驱动系统的能量转换示意图

1. 工业机器人驱动系统的分类

工业机器人的驱动系统按动力源可分为液压驱动系统、气动驱动系统、电动驱动系统、复合式驱动系统和新型驱动系统,如图 2-14 所示。液压驱动系统、气动驱动系统和电动驱动系统为三种基本的驱动类型。根据需要,可采用这三种基本驱动类型中的一种,或由这三种基本驱动类型组合成复合式驱动系统。

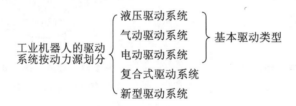

图 2-14　工业机器人的驱动系统按动力源分类

2. 各种驱动方式的特点及比较

工业机器人各种驱动方式的特点及比较如表 2-3 所示。

表 2-3　工业机器人各种驱动方式的特点及比较

内　　容	液压驱动	气动驱动	电动驱动
输出功率	很大; 压力范围为 50～ 1 400 N/cm²	大; 压力范围为 40～60 N/cm², 最大可达 100 N/cm²	较大
控制性能	控制精度较高; 可无级调速; 反应灵敏; 可实现连续轨迹控制	气体压缩性大; 精度低; 阻尼效果差; 低速不易控制; 难以实现伺服控制	控制精度高; 反应灵敏; 可实现高速、高精度的连续轨迹控制; 伺服特性好,控制系统复杂

内　容	液压驱动	气动驱动	电动驱动
响应速度	很高	较高	很高
结构性能及体积	执行机构可标准化、模块化,易实现直接驱动,功率质量比大,体积小,结构紧凑,密封问题较大	执行机构可标准化、模块化,易实现直接驱动,功率质量比较大,体积小,结构紧凑,密封问题较小	伺服电动机易于标准化,结构性能好,噪声低,电动机一般需配置减速装置;除 DD 电动机外,难以进行直接驱动,结构紧凑,无密封问题
安全性	防爆性能较好,用液压油作驱动介质,在一定条件下有火灾危险	防爆性能好,高于 1 000 kPa(10 个大气压)时应注意设备的抗压性	设备自身无爆炸和火灾危险;直流有刷电动机换向时有火花,防爆性能较差
对环境的影响	泄漏对环境有污染	排气时有噪声	很小
效率与成本	效率中等(0.3 ~ 0.6),液压元件成本较高	效率低(0.15~0.2),气源方便,结构简单,成本低	效率为 0.5 左右,成本高
维修及使用	方便,但油液对环境温度有一定要求	方便	较复杂
在工业机器人中的应用范围	适用于重载、低速驱动场合,电液伺服系统适用于喷涂机器人、重载点焊机器人和搬运机器人	适用于中小负载、快速驱动、精度要求较低的有限点位程序控制机器人,如冲压机器人、机器人本体的气动平衡及装配机器人气动夹具	适用于中小负载、要求具有较高的位置控制精度、速度较高的工业机器人,如 AC 伺服喷涂机器人、点焊机器人、弧焊机器人、装配机器人等

2.3.2　液压驱动

液压驱动是指以液体为工作介质进行能量传递和控制的一种驱动方式。根据能量传递形式不同,液体驱动又分为液力驱动和液压驱动。液力驱动主要是指利用液体动能进行能量转换的驱动方式,如液力耦合器和液力变矩器。液压驱动是指利用液体压力能进行能量转换的驱动方式。

液压驱动工业机器人是利用油液作为传递的工作介质。电动机带动液压泵输出压力油,将电动机输出的机械能转换成油液的压力能,压力油经过管道及一些控制调节装置等进入油缸,推动活塞杆运动,从而使机械臂产生伸缩、升降等运动,将油液的压力能又转换成机械能。在机械上采用液压驱动技术,可以简化机器的结构,减轻机器质量,减少材料消耗,降低制造成本,减轻劳动强度,提高工作效率和工作的可靠性。

2.3.3　气动驱动

气动驱动与液压驱动类似,只是气动驱动以压缩气体为工作介质,靠气体的压力传递动力或驱动信息的流体。传递动力的系统是将压缩气体经由管道和控制阀输送给气动执行元件,把压缩气体的压力能转换为机械能;传递信息的系统是利用气动逻辑元件或射流元件来实现逻辑运算等功能。

2.3.4 电动驱动

电动驱动是指利用电动机产生的力或力矩,直接或经过机械传动机构驱动工业机器人的关节,以获得所要求的位置、速度和加速度,即将电能变为机械能,以驱动工业机器人工作的一种驱动方式,如步进电动机驱动就是一种将电脉冲信号转化为位移或者是角位移的驱动方式。因为电动驱动省去了中间的能量转换过程,所以比液压驱动和气动驱动效率高。目前,除了个别运动精度不高、重负载或有防爆要求的采用液压驱动、气压驱动外,工业机器人大多采用电气驱动,驱动器布置方式大都为一个关节一个驱动器。电动驱动无环境污染,响应快,精度高,成本低,控制方便。

◀ 2.4 工业机器人的传感系统 ▶

工业机器人一般由机器人本体、控制系统、传感器和驱动器等四个部分组成。传感器是工业机器人的感知系统,是工业机器人最重要的组成部分之一。多种不同功能的传感器合理地组合在一起,才能为工业机器人提供详细的外界环境信息。没有传感器的工业机器人,相当于失去感觉器官的人类。工业机器人能够具备类似人类的知觉功能和反应能力的关键,正是传感器技术的应用。那么,一台精密的工业机器人拥有哪些传感器呢?下面我们将进行详细介绍。

2.4.1 工业机器人传感器概述

1. 工业机器人传感器的定义与功能

传感器是获取信息的工具,是一种检测装置。国家标准《传感器通用术语》(GB/T 7665—2005)对传感器的定义是:能感受被测量并按照一定的规律转换成可用输出信号的器件或装置,通常由敏感元件和转换元件组成。百度百科对传感器的定义是:一种检测装置,能感受到被测量的信息,并能将感受到的信息,按一定规律变换成为电信号或其他所需形式的信息输出,以满足信息的传输、处理、存储、显示、记录和控制等要求。

国际上,传感技术被列为六大核心技术(计算机技术、激光技术、通信技术、半导体技术、超导技术和传感技术)之一。传感技术也是现代信息技术的三大基础(传感技术、通信技术、计算机技术)之一。传感器一般由敏感元件、转换元件、基本转换电路三个部分组成。

2. 工业机器人传感器的分类

传感器可以按不同的方式进行分类,如按被测量、按传感器的工作原理、按传感器转换能量的情况、按传感器的工作机理、按传感器输出信号的形式(模拟信号、数字信号)等分类。

工业机器人传感器按其功能可分为检测内部状态信息的内部传感器和检测外部对象和外部环境状态的外部传感器。内部传感器是指主要用于检测工业机器人自身状态(包括位置、速度、力、力矩、温度以及异常变化)的传感器。外部传感器主要用于检测工业机器人所处的环境和对象状况,包括视觉传感器、触觉传感器、力觉传感器、接近(距离)觉传感器、角度觉(平衡觉)传感器等。

工业机器人传感器的分类、功能和应用如表 2-4 所示。

表 2-4 工业机器人传感器的分类、功能和应用

分 类	类 别	功 能	应 用
内部传感器	位置传感器、速度传感器、加速度传感器、力传感器、温度传感器、平衡传感器、姿态(倾斜)角传感器、异常传感器等	检测工业机器人自身状态,如自身的运动、位置和姿态等信息	对被测量进行定向、定位;目标分类与识别;控制操作;抓取物体;检查产品质量;适应环境变化;修改程序等
外部传感器	视觉传感器、接近(距离)觉传感器、听觉传感器、力觉传感器、触觉传感器、滑觉传感器、压觉传感器等	检测外部状况,如作业环境中对象或障碍物状态以及工业机器人与环境的相互作用等信息,使工业机器人适应外界环境的变化	控制工业机器人,使其按规定的位置、轨迹、速度、加速度,在规定的受力状态下工作

2.4.2 工业机器人的内部传感器

工业机器人根据具体用途不同可以选择不同的控制方式,如位置控制、速度控制或力控制等。在这些控制方式中,工业机器人所应具有的基本传感器单元是位置传感器和速度传感器。

工业机器人控制系统的基本功能之一是工业机器人的关节位置、速度控制,因此用于检测关节位置和速度的传感器也成为工业机器人关节组件中的基本单元。

工业机器人的内部传感器按功能分类如图 2-15 所示。

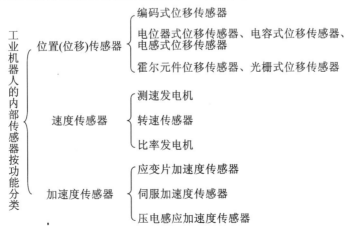

图 2-15 工业机器人的内部传感器按功能分类

1. 位置传感器

位置控制是机器人最基本的控制要求,而位置和位移的测量也是工业机器人最基本的感觉要求。位置传感器由于工作原理和组成不同有多种形式。常见的位置传感器有编码式位移传感器、电位器式位移传感器、电容式位移传感器、电感式位移传感器、霍尔元件位移传感器和光栅式位移传感器等。

1)编码式位移传感器

编码式位移传感器简称编码器,是一种数字位移传感器,可以测量直线位移,也可以测量转角,其测量输出的信号为数字脉冲信号。

编码式位移传感器测量范围大,检测精度高,一般把该传感器安装在工业机器人的各关节轴上,用来测量各关节轴的旋转角度。

根据测量结果是绝对信号还是增量信号,编码式位移传感器可分为绝对式和增量式。根据结构及信号转化方式,编码式位移传感器可分为光电式、接触式及电磁式等。根据检测原理,编码式位移传感器可分为光学式、磁式、感应式和电容式。根据其刻度方法及信号输出形式,编码式位移传感器可分为增量式、绝对式以及混合式三种。

光电编码器是一种通过光电转换将输出轴上的机械几何位移量转换成脉冲或数字量的传感器。这是目前工业机器人中应用最多的传感器。光电编码器由码盘(又称光栅盘)和光电检测装置组成。码盘是一定直径的圆板,其上等分地开通若干个长方形孔。由于码盘与电动机同轴,电动机旋转时,码盘与电动机同速旋转,经发光二极管等电子元件组成的光电检测装置检测输出若干脉冲信号,通过计算每秒光电编码器输出脉冲的个数就能反映当前电动机的转速。此外,为判断旋转方向,码盘还可提供相位相差90°的脉冲信号。光电编码器原理示意图如图2-16所示。

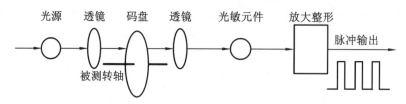

图2-16　光电编码器原理示意图

(1)增量式光电编码器。增量式光电编码器主要由光源、码盘、检测光栅、光电检测器件和转换电路组成。增量式光电编码器组成结构示意图如图2-17所示。码盘上刻有节距相等的辐射状透光缝隙,相邻两个透光缝隙之间代表一个增量周期;检测光栅上刻有A、B两组与码盘相对应的透光缝隙,用以通过或阻挡光源和光电检测器件之间的光线。它们的节距和码盘上的节距相等,并且两组透光缝隙错开1/4节距,使得光电检测器件输出的信号在相位上相差90°电度角。当码盘随着被测转轴转动时,检测光栅不动,光线透过码盘和检测光栅上的透过缝隙照射到光电检测器件上,光电检测器件就输出两组相位相差90°电度角的近似于正弦波的电信号,电信号经过转换电路的信号处理,可以得到被测转轴的转角或速度信息。

增量式光电编码器直接利用光电转换原理输出三组方波脉冲A、B和Z相。A、B两组脉冲相位差90°,从而可方便地判断出旋转方向;而Z相脉冲为每转一个,用于基准点定位。

增量式光电编码器的特点是一个输出脉冲信号对应于一个增量位移,但是不能通过输

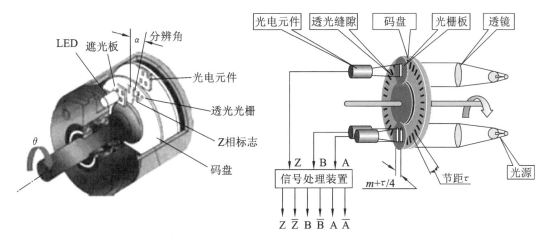

图 2-17　增量式光电编码器组成结构示意图

出脉冲判断出是在哪个位置上的增量。它能够产生与位移增量等值的脉冲信号,该脉冲信号用于提供一种对连续位移量离散化或增量化以及位移变化(速度)的传感方法,是相对于某个基准点的相对位置增量,增量式光电编码器不能够直接检测出被测转轴的绝对位置信息。一般来说,增量式光电编码器输出相差为 90°的 A、B 两组脉冲信号(即所谓的两组正交输出信号),从而可方便地判断出旋转方向。同时增量式光电编码器还输出用作参考零位的 Z 相标志(指示)脉冲信号,码盘每旋转一周,只发出一个标志信号。标志脉冲通常用来指示机械位置或对积累量清零。

增量式光电编码器的优点是原理构造简单、易于实现;机械平均寿命长,可在到几万小时以上;分辨率高;抗干扰能力较强,信号传输距离较长,可靠性较高;缺点是它无法直接读出被测转轴的绝对位置信息。

增量式光电编码器转动时输出脉冲,通过计数设备来计算其位置,当编码器不动或停电时,依靠计数设备的内部记忆来记住位置。这样,当停电后,编码器不能有任何的移动,当来电工作时,编码器输出脉冲过程中,也不能有干扰而丢失脉冲,不然,计数设备计算并记忆的零点就会偏移,而且这种偏移的量是无从知道的,只有错误的结果出现后才能知道。解决的方法是增加参考点,编码器每经过参考点,将参考位置修正进计数设备的记忆位置。在参考点以前,是不能保证位置的准确性的。为此,在工业控制中就有每次操作先找参考点、开机找零等方法。有些工控项目采用这样的方法比较麻烦,甚至不允许开机找零(开机后就要知道准确位置),于是就出现了绝对式光电编码器。

(2)绝对式光电编码器。绝对式光电编码器是直接输出数字量的传感器,在它的圆形码盘上沿径向有若干条同心码道,每条码道上由透光和不透光的扇形区相间组成,相邻码道的扇区数目是双倍关系,码盘上的码道数就是它的二进制数码的位数,如图 2-18 所示。在码盘的一侧是光源,在码道的另一侧对应每一条码道有一个光敏元件;当码盘处于不同位置时,各光敏元件根据受光照与否转换出相应的电平信号,形成二进

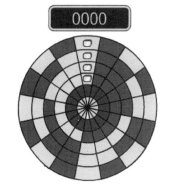

图 2-18　绝对式光电编码器的圆形码盘

制数。这种编码器的特点是不需要计数器,在被测转轴的任意位置都可读出一个固定的与位置相对应的数字码。显然,码道越多,分辨率就越高,对于一个具有 N 位二进制分辨率的编码器,其码盘必须有 N 条码道。

绝对式光电编码器的码盘上有许多道刻线,每道刻线依次以 2 线,4 线,8 线,16 线,⋯编排,这样,在编码器的每一个位置,通过读取每道刻线的通、暗,获得一组从 2^0 到 2^{N-1} 的唯一的二进制编码(格雷码),这就称为 N 位绝对式光电编码器。绝对式光电编码器不受停电、干扰的影响,由机械位置决定每个位置的唯一性,无须记忆,无须找参考点,而且不用一直计数,什么时候需要知道位置,什么时候就去读取它的位置。这样,其抗干扰特性、数据的可靠性大大提高了。

绝对式光电编码器由于在定位方面明显优于增量式光电编码器,已经越来越多地应用于工控定位中。绝对式光电编码器高精度、输出位数较多,如仍用并行输出,其每一位输出信号必须确保连接很好,对于较复杂工况还要隔离,连接电缆芯数多,由此带来诸多不便,而且降低了可靠性,因此,绝对式光电编码器在多位数输出时,一般均选用串行输出或总线型输出,德国生产的绝对式光电编码器最常用的串行输出是 SSI(同步串行输出)。

绝对式光电编码器是利用自然二进制或循环二进制(格雷码)方式进行光电转换的。绝对式光电编码器与增量式光电编码器的不同之处在于圆盘上透光、不透光的线条图形不同,绝对式光电编码器可有若干编码,通过码盘上的编码来确定绝对位置。绝对式光电编码器的编码可采用二进制码、循环码、二进制补码等。它的特点如下。

① 可以直接读出角度坐标的绝对值。

② 没有累积误差。

③ 电源切除后位置信息不会丢失。

④ 分辨率是由二进制的位数来决定的,也就是说精度取决于位数,目前有 10 位、14 位等多种。

绝对式光电编码器因其每一个位置绝对唯一、抗干扰能力强、无须掉电记忆,越来越广泛地应用于各种工业系统中的角度、长度测量和定位控制。

2) 电位器式位移传感器

图 2-19 圆形电位器

电位器式位移传感器通过电位器元件将机械位移转换成与之成线性或任意函数关系的电阻或电压输出。普通直线电位器和圆形电位器(见图 2-19)都可分别用作直线位移传感器和角位移传感器。为实现测量位移目的而设计的电位器,要求位移变化和电阻变化之间有一个确定关系。

电位器式位移传感器的型式和电路原理图如图 2-20 所示。其中图 2-20(a)所示为直线位移传感器,图 2-20(b)所示为角位移传感器,图 2-20(c)所示为电位器式位移传感器的电路原理图。电位器式位移传感器的可动电刷与被测物体相连。被测物体的位移引起电位器移动端的电阻变化。阻值的变化量反映了位移的量值,阻值的增加或减小则表明了位移的方向。通常在电位器上通以电源电压,以把电阻变化转换为电压输出。线绕式电位器由于其电刷移动时电阻以匝电阻为阶梯而变化,其输出特性亦呈阶梯形。如果这种

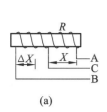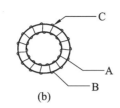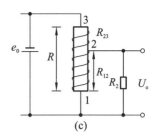

图 2-20　电位器式位移传感器的型式和电路原理图

位移传感器在伺服系统中用作位移反馈元件,则过大的阶跃电压会引起系统振荡。因此在电位器的制作中应尽量减小每匝的电阻值。电位器式位移传感器的另一个主要缺点是易磨损。电位器式位移传感器的特点如下。

(1) 结构简单,尺寸小,质量轻,价格低廉且性能稳定。

(2) 受环境因素(如温度、湿度、电磁场干扰等)的影响小。

(3) 可以实现输出与输入间任意函数关系。

(4) 输出信号大,一般不需要放大。

(5) 电刷与线圈或电阻膜之间摩擦,需要较大的输入能量。

(6) 分辨力较低。

(7) 动态响应较差,适合于缓慢量的测量。

2. 速度传感器

速度传感器是工业机器人中较重要的内部传感器之一。由于在工业机器人中主要测量工业机器人关节的运行速度,因此这里仅介绍角速度传感器。目前广泛使用的角速度传感器有测速发电机和增量式光电编码器两种。测速发电机是应用最广泛,能直接得到代表转速的电压,且具有良好实时性的一种速度传感器。增量式光电编码器既可以用来测量增量角位移,又可以用来测量瞬时角速度。速度的输出有模拟式和数字式两种。

测速发电机从物理本质角度来说,是一种测量转速的微型直流发电机;从能量转换的角度来看,把机械能转换成电能,输出直流电;从信号转换的角度来看,把转速信号转换成与转速成正比的直流电压信号输出,因而可以用来测速,故称为测速发电机。其工作原理基于法拉第电磁感应定律,当通过线圈的磁通量恒定时,旋转的电枢导体切割磁场,就会在电刷间产生感应电动势。

直流测速发电机电路原理图如图 2-21 所示。空载时,位于磁场中的线圈旋转,使线圈两端产生的电压 u(感应电动势)与线圈(转子)的转速 n 成正比,即 $u = K \times n$(K 是常数),输出电压与转子的转速呈线性关系。但当直流测速发电机带有负载时,电枢的线圈绕组便会产生电流而使输出电压下降,这样便破坏了输出电压与转速的线性关系,使输出特性产生误差。为了减少测量误差,应使负载尽可能小且保持负载性质不变。

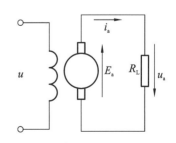

图 2-21　直流测速发电机电路原理图

测速发电机的转子与工业机器人关节伺服驱动电动机相连就能测出工业机器人运动过

程中的关节转动速度,并能在工业机器人速度闭环系统中作为速度反馈元件。测速发电机具有线性度好、灵敏度高、输出信号强的优点。目前其监测范围一般为 $20\sim40$ r/min,精度为 $0.2\%\sim0.5\%$。

◀ 2.5 工业机器人的控制系统 ▶

如果仅仅有感官和肌肉,人的四肢还是不能动作。一方面是因为没有器官去接收和处理来自感官的信号,另一方面是因为没有器官发出神经信号,进而驱使肌肉收缩或舒张。正如大脑是人类的灵魂和指挥中心,控制系统可称为工业机器人的大脑。如果工业机器人只有传感器和驱动器,那么机械臂也不能正常工作。原因是传感器输出的信号没有起作用,驱动电动机也得不到驱动电压和电流,所以工业机器人需要有一个控制器,需要有通过硬件和软件组成的控制系统。

工业机器人的感知、判断、推理都是通过控制系统的输入、运算、输出来完成的,其所有的行为和动作都必须通过控制系统发出相应的指令来实现。工业机器人要与外围设备协调动作,共同完成作业任务,就必须具备一个功能完善、灵敏可靠的控制系统。工业机器人的控制系统可分为两大部分,一部分对其自身运动进行控制,另一部分对工业机器人与周边设备进行协调控制。

工业机器人控制系统的功能是接收来自传感器的检测信号,根据操作任务的要求,驱动机械臂中的各台电动机。就像我们人的活动需要依赖自身的感官一样,工业机器人的运动控制离不开传感器。工业机器人需要用传感器来检测各种状态。工业机器人的内部传感器信号被用来反映机械臂关节的实际运动状态,外部传感器信号被用来检测工作环境的变化,所以工业机器人的"神经"与"大脑"组合起来才能形成一个完整的工业机器人控制系统。

工业机器人控制系统的主要任务是控制工业机器人在工作空间中的运动位置、姿态和轨迹、操作顺序及动作的时间等项目,主要功能有示教再现控制功能和运动控制功能。示教再现控制的主要内容主要包括示教和记忆方式及示教编程方式。其中,示教方式的种类较多,集中示教方式就是指同时对位置、速度、操作顺序等进行的示教方式;分离示教方式是指在示教位置之后,一边动作一边分辨示教位置、速度、操作顺序等的示教方式。采用半导体记忆装置的工业机器人,记忆容量大大增加,可达无限,特别适用于复杂程度高的操作过程的记忆,工业机器人的运动控制是指在工业机器人的末端操作器从一点移动到另一点的过程中,对其位置、速度和加速度进行控制,一般是通过控制关节运动来实现的。关节运动控制一般分两步进行:第一步是关节变量伺服指令的完成,即将末端操作器在工作空间的位置和姿势的运动转化为用关节变量表示的时间序列或表示为关节变量随时间变化的函数;第二步是关节运动的伺服控制,即跟踪执行第一步所生成的关节变量伺服指令。

2.5.1 工业机器人控制系统概述

1. 工业机器人控制系统的特点

工业机器人的控制技术是在传统机械系统的控制技术的基础上发展起来的,因此两者之间并无根本的不同,但工业机器人的控制系统也有许多特殊之处。工业机器人的结构是一个空间开链机构,其各个关节的运动是独立的,为了实现末端点的运动轨迹,需要多关节的运动协调。因此,工业机器人的控制系统比普通的控制系统要复杂得多,具体如下。

(1)工业机器人的控制与机构运动学和动力学密切相关。工业机器人手足的状态可以在各种坐标下进行描述,描述工业机器人手足的状态时应根据需要选择不同的参考坐标系,并做适当的坐标变换,经常要求正向运动学和反向运动学的解,除此之外还要考虑惯性力、外力(包括重力)、哥氏力及向心力的影响。

(2)一个简单的工业机器人至少要有 3 个自由度,一个比较复杂的工业机器人有十几个甚至几十个自由度。每个自由度一般包含一个伺服机构,所有的伺服机构必须协调起来,组成一个多变量控制系统。

(3)从经典控制理论的角度来看,多数工业机器人的控制系统中都包含有非最小相位系统。例如,步行机器人或关节式机器人往往包含有"上摆"系统。由于上摆的平衡点是不稳定的,所以必须采取相应的控制策略。

(4)把多个独立的伺服系统有机地协调起来,使其按照人的意志行动,甚至赋予工业机器人一定的"智能",这个任务只能由计算机来完成。因此,工业机器人的控制系统必须是一个计算机控制系统。同时,计算机软件担负着艰巨的任务。

(5)描述工业机器人状态和运动的数学模型是一个非线性模型,随着状态的不同和外力的变化,其参数也在变化,各变量之间还存在耦合。因此,仅仅利用位置闭环是不够的,还要利用速度甚至加速度闭环。工业机器人的控制系统中经常使用重力补偿、前馈、解耦或自适应控制等方法。

(6)工业机器人的动作往往可以通过不同的方式和路径来完成,因此存在一个"最优"的问题。较高级的工业机器人可以用人工智能的方法,用计算机建立起庞大的信息库,借助信息库进行控制、决策、管理和操作;根据传感器和模式识别的方法获得对象及环境的工况,按照给定的指标要求,自动地选择最佳的控制规律。

工业机器人的控制系统是一个与机构运动学和动力学原理密切相关的、具有耦合的、非线性的多变量控制系统。由于它具有特殊性,不能照搬使用经典控制理论和现代控制理论。

2. 工业机器人控制系统的组成和结构

工业机器人的控制系统主要包括硬件和软件两个部分。

1)硬件部分

(1)基本组成。工业机器人控制系统的硬件组成如图 2-22 所示。

① 控制计算机:控制系统的调度指挥机构;一般为微型机、微处理器,有 32 位、64 位等,如奔腾系列 CPU 以及其他类型的 CPU。

② 示教盒:用于示教机器人的工作轨迹和参数设定,以及实现所有人机交互操作,拥有自己独立的 CPU 以及存储单元,与主计算机之间以串行通信方式实现信息交互。

③ 操作面板:由各种操作按键、状态指示灯构成,只完成基本功能操作。

④ 硬盘和软盘:存储工业机器人工作程序的外围存储器。

⑤ 数字和模拟量输入/输出:各种状态和控制命令的输入或输出。

⑥ 打印机接口:记录需要输出的各种信息。

⑦ 传感器接口:用于信息的自动检测,实现工业机器人柔顺控制,一般为力觉、触觉和

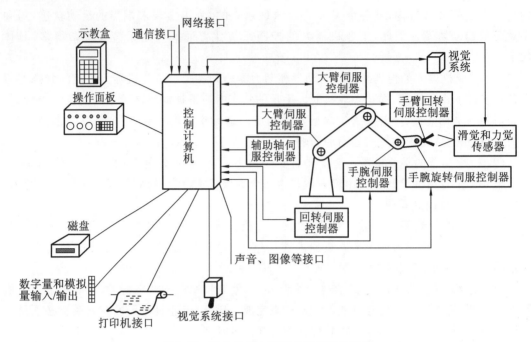

图 2-22　工业机器人控制系统的硬件组成

视觉传感器接口。

⑧ 轴控制器:完成工业机器人各关节位置、速度和加速度控制。

⑨ 辅助设备控制器:用于控制和工业机器人配合的辅助设备,如手爪变位器等。

⑩ 通信接口:实现工业机器人和其他设备的信息交换,一般有串行接口、并行接口等。

⑪ 网络接口。

a. Ethernet 接口:可通过以太网实现数台或单台工业机器人与个人计算机的直接通信,数据传输速率高达 10 Mbit/s,可直接在个人计算机上用 Windows 库函数进行应用程序编程之后,通过支持 TCP/IP 通信协议的 Ethernet 接口将数据及程序装入各个工业机器人的控制器中。

b. Fieldbus 接口:支持多种流行的现场总线规格,如 DeviceNet、AB Remote I/O、InterBus-S、ProfiBus-DP、M-NET 等。

(2) 基本结构。在控制系统的结构方面通常有集中控制、主从控制(又称两级计算机控制)和分散控制三种控制方式。现在大部分工业机器人都采用两级计算机控制。第一级担负系统监控、作业管理和实时插补任务,由于运算工作量大、数据多,所以大都采用 16 位以上的计算机。第一级运算结果作为目标指令传输到第二级计算机,经过计算处理后传输到各执行元件。

① 集中控制方式:用一台计算机实现全部控制功能,结构简单,成本低,但系统实时性差,难以扩展,其构成框图如图 2-23 所示。

② 主从控制方式:采用主、从两级计算机实现系统的全部控制功能,主计算机实现管理、坐标变换、轨迹生成和系统自诊断等功能,从计算机实现所有关节的动作控制,其构成框图如图 2-24 所示。主从控制方式系统实时性较好,适于高精度、高速度控制场合,但其系统扩展性较差,维修困难。

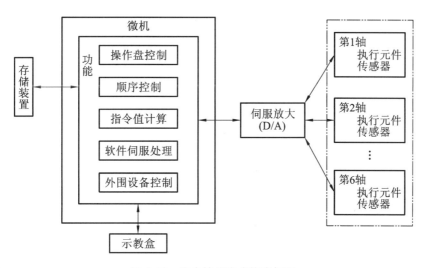

图 2-23 集中控制方式构成框图

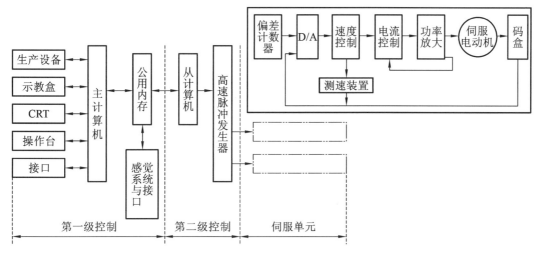

图 2-24 主从控制方式构成框图

③ 分散控制方式:按系统的性质和方式将系统控制分成几个模块,每一个模块各有不同的控制任务和控制策略,各模式之间可以是主从关系,也可以是平等关系。这种控制方式系统实时性好,易于实现高速度、高精度控制,易于扩展,可实现智能控制,是目前流行的控制方式。其构成框图如图 2-25 所示。

2)软件部分

软件部分主要指控制软件,包括运动轨迹规划算法和关节伺服控制算法与相应的动作程序。控制软件可以用多种计算机语言来编制,但由于许多工业机器人的控制比较复杂,所以编程工作的劳动强度较大,编写的程序可读性也较差。因此,通过通用语言的模块化,开发了很多工业机器人的专用语言。把工业机器人的专用语言与工业机器人系统相融合,是当前工业机器人发展的主流。

工业机器人控制系统的软件组成如表 2-5 所示。

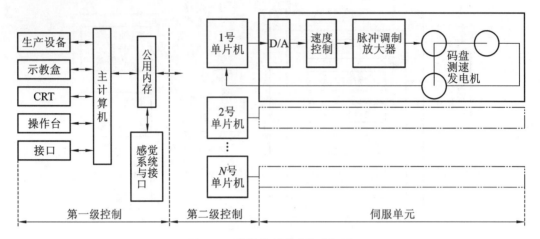

图 2-25　分散控制方式构成框图

表 2-5　工业机器人控制系统的软件组成

系统软件	计算机操作系统	个人微机、小型计算机
	系统初始化程序	单片机、运动控制器
应用软件	动作控制软件	实时动作解释执行程序
	运算软件	运动学、动力学和插补程序
	编程软件	作业任务程序编制环境程序
	监控软件	实时监视、故障报警程序等

2.5.2　工业机器人的控制方式

工业机器人的控制方式根据作业任务不同,可分为位置控制方式、速度控制方式、力(力矩)控制方式和智能控制方式。其中,位置控制方式又可分为点位控制方式和连续轨迹控制方式两种。

1. 位置控制方式

位置控制的目标是使被控工业机器人的关节或末端达到期望的位置。下面以关节空间位置控制为例来说明工业机器人的位置控制。关节位置控制示意图如图 2-26 所示,关节位置给定值与当前值比较得到的误差作为位置控制器的输入量,经过位置控制器的运算后,位置控制器输出作为关节速度控制的给定值。关节位置控制器常采用 PID 算法,也可以采用模糊控制算法。

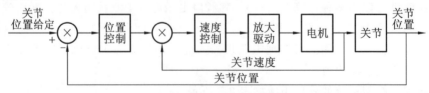

图 2-26　关节位置控制示意图

1）点位控制方式

点位控制是指控制工业机器人末端操作器在作业空间中某些规定的离散点上的位姿，如图 2-27 所示。控制时只要求工业机器人快速、准确地实现相邻各点之间的运动，而对达到目标点的运动轨迹则不做任何规定。其主要技术指标是定位精度和运动时间。该控制方式易于实现，但精度不高，因而常被应用在上下料、搬运、点焊和在电路板上安插元件等只要求在目标点处保持末端操作器位姿准确的作业中。一般来说，这种控制方式比较简单，但是要达到 $2\sim3\ \mu m$ 的定位精度是相当困难的。

2）连续轨迹控制方式

连续轨迹控制是指控制工业机器人末端操作器连续、同步地进行相应的运动，使末端操作器形成连续的轨迹，要求工业机器人严格按照示教的轨迹和速度在一定的精度要求内运动，且速度可控，轨迹光滑运动平稳，如图 2-28 所示。其主要技术指标是末端操作器位姿的轨迹跟踪精度及平稳性。通常弧焊、喷漆、切割、去毛边和检测作业机器人都采用这种控制方式。

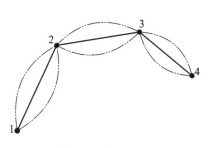

图 2-27　点位控制

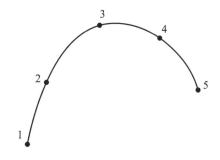

图 2-28　连续轨迹控制

2. 速度控制方式

图 2-26 去掉位置外环，即成为工业机器人的关节速度控制框图。在目标跟踪任务中通常采用工业机器人的速度控制。此外，对于工业机器人末端笛卡儿空间的位置、速度控制，其基本原理与关节空间的位置和速度控制类似。

3. 力（力矩）控制方式

在完成装配、抓放物体等工作时，除要求定位准确之外，还要求使用适度力（力矩）进行工作，这时就要利用力（力矩）控制方式。这种控制方式的控制原理基本类似于位置伺服控制原理，只是输入量和反馈量不再是位置信号而是力（力矩）信号，因此系统中必须有力（力矩）传感器。有时也利用接近、滑动等功能进行适应式控制。

图 2-29 所示为关节的力（力矩）控制示意图。由于关节力（力矩）不易直接测量，而关节电机的电流能够较好地反映关节电机的力（力矩），所以常采用关节电机的电流表示当前关

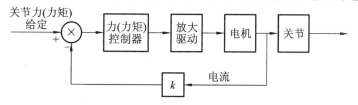

图 2-29　关节的力（力矩）控制示意图

节力(力矩)的测量值。力(力矩)控制器根据力(力矩)的期望值与测量值之间的偏差,控制关节电机,使之表现出期望的力/力矩特性。

4. 智能控制方式

工业机器人的智能控制是指通过传感器获得周围环境的信息,并根据自身内部的知识库做出相应的决策,采用智能控制技术,使工业机器人具有较强的环境适应性和自学习能力。智能控制技术的发展有赖于人工神经网络、基因算法、遗传算法、专家系统等人工智能的迅速发展。

【本章小结】

工业机器人是一个典型的机电一体化产品,在进一步学习和应用工业机器人之前,本章讲述了工业机器人的结构系统,也就是它的组成,重点讲解了工业机器人的机械结构系统、驱动系统、传感系统和控制系统。

【思考与练习】

1. 简述工业机器人的基本组成及其作用。
2. 用工业机器人图形符号表示图 2-30 所示的工业机器人的运动原理。

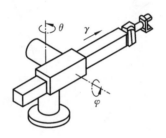

图 2-30　习题 2 图

3. 工业机器人的驱动方式有哪些?各自的优缺点是什么?
4. 分析增量式光电编码器测量位移和转速的工作原理。
5. 工业机器人的控制方式有哪些?

第 3 章

工业机器人的应用选型及工业机器人智能软件

◀ 3.1　工业机器人的应用选型 ▶

关于工业机器人应用选型,最重要的源头是评估导入的工业机器人是用于怎样的场合以及什么样的制程。如果应用制程需要在人工旁边由机器协同完成,在通常的人机混合的半自动线,特别是需要经常变换工位或移位移线的场合,以及配合新型力矩感应器的场合,协作型机器人(Cobots)应该是一个很好的选择。如果是寻找一个紧凑型的取放料机器人,你可能想选择一个水平关节型机器人(Scara)。如果是寻找小型物件并快速取放的场合,并联机器人(Delta)是最适用的。

工厂里指代的"机器人"如图 3-1 所示。

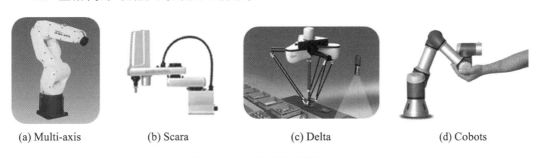

(a) Multi-axis　　　(b) Scara　　　(c) Delta　　　(d) Cobots

图 3-1　工厂里指代的"机器人"

3.1.1　多轴机器人选型的关键数据

这里以垂直关节多轴机器人(Multi-axis)为例来讲述多轴机器人选型的关键数据。这种工业机器人应用范围非常广。从取、放料到码垛、喷涂、去毛刺、焊接等专用制程,垂直关节多轴机器人制造商基本上都有相应的机器人方案。用户所需要做的就是明确希望工业机器人做哪个工作,以及从不同的种类当中选择最适合的型号。在选择垂直关节多轴机器人时,要特别关心一下以下关键数据。

1. 有效负载

有效负载是指工业机器人在其工作空间可以携带的最大负荷。

如果用户希望工业机器人完成将目标工件从一个工位搬运到另一个工位这一工作,需要注意将工件的重量以及机器人手爪的重量加总到其工作负荷中。工业机器人有效负载的大小除受到驱动器功率的限制外,还受到杆件材料极限应力的限制,因而它又和环境条件(如地心引力)、运动参数(如运动速度、加速度以及它们的方向)有关。另外特别需要注意的

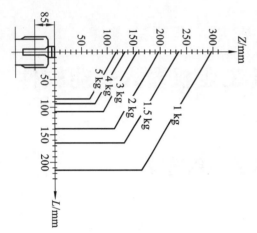

图 3-2 工业机器人 IRB 1410 的负载曲线

是工业机器人的负载曲线,在空间范围的不同距离位置,实际负载能力会有差异。工业机器人 IRB 1410 的负载曲线如图 3-2 所示。

2. 承载能力

承载能力是指工业机器人在工作范围内的任何位姿上所能承受的最大质量。承载能力不仅取决于负载的质量,而且与工业机器人运行的速度和加速度的大小和方向有关。为了安全起见,承载能力这一技术指标是指工业机器人高速运行时的承载能力。工业机器人带电动手爪时的承载能力如图 3-3 所示。

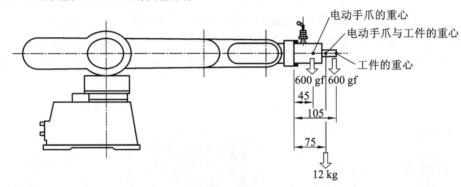

图 3-3 工业机器人带电动手爪时的承载能力

3. 自由度(轴数)

自由度是指工业机器人所具有的独立坐标轴运动的数目,不包括手爪(末端操作器)的开合自由度。在三维空间中描述一个物体的位置和姿态(简称位姿)需要 6 个自由度。但是由于工业机器人的自由度是根据其用途而设计的,所以工业机器人的自由度可能少于 6 个,也可能多于 6 个。例如,工业机器人 IRB 360 具有 4 个自由度,可以在印刷电路板上接插电

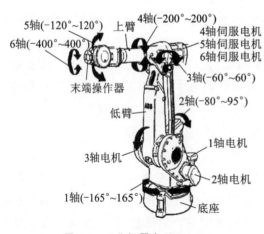

图 3-4 工业机器人 IRB 2400

子器件;IRB 2400 具有 6 个自由度,如图 3-4 所示,可以进行复杂空间曲面的弧焊作业。站在运动学的角度,在完成某一特定作业时具有多余自由度的工业机器人叫作冗余自由度机器人。例如,工业机器人 IRB 2400 去执行印刷电路板上接插电子器件的作业时就成为冗余自由度机器人。利用冗余自由度可以增加工业机器人的灵活性,使其可以躲避障碍物,并改善其动力性能。人的手臂(大臂、小臂、手腕)共有 7 个自由度,所以工作起来很灵巧,手部可回避障碍而从不同方向到达同一个目的点。

工业机器人配置的轴数直接与其自由度有关。如果针对一个简单的直来直去的场合，比如将物品从一条皮带线取放到另一条皮带线，简单的四轴机器人就足以应对。但是，如果应用于一个狭小的工作空间，且机器人手臂需要很多的扭曲和转动，六轴或七轴机器人将是较好的选择。

轴数一般取决于工业机器人的应用场合。应当注意，在成本允许的前提下，多一点轴数在灵活性方面不是问题，而且方便后续重复利用改造机器人到另一个应用制程。

4. 工作范围

工作范围是指工业机器人手臂末端或手腕中心所能到达的所有点的集合，也叫工作区域。由于末端操作器的尺寸和形状是多种多样的，为了真实地反映工业机器人的特征参数，所以这里的工作范围是指不安装末端操作器时的工作区域。工作范围的形状和大小是十分重要的，工业机器人在执行作业时可能会因为存在手部不能到达的作业死区（dead zone）而不能完成任务。图 3-5 所示为工业机器人 IRB 1410 的工作范围。

当评估目标应用场合的时候，应该了解工业机器人需要到达的最大距离。选择一个工业机器人不仅需要考虑它的有效负载，还需要综合考量它到达的确切距离。每个工业机器人公司都会给出相应工业机器人的工作范围图，由此可以判断该工业机器人是否适合于特定的应用。

对于工业机器人的水平运动范围（见图 3-6），注意工业机器人在近身及后方的一片非工作区域。

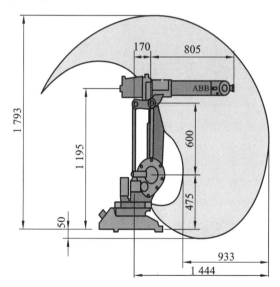

图 3-5　工业机器人 IRB 1410 的工作范围

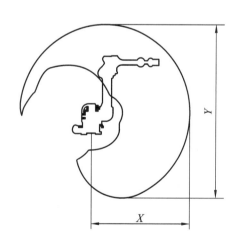

图 3-6　工业机器人的水平运动范围

工业机器人的最大垂直高度是从工业机器人能到达的最低点（常在工业机器人机座以下）到手腕可以达到的最大高度的距离（Y）。最大水平动作距离是从工业机器人机座中心到手腕可以水平达到的最远点的中心的距离（X）。

5. 重复精度

工业机器人的精度是指定位精度和重复定位精度。定位精度是指工业机器人手部实际到达位置与目标位置之间的差异。重复定位精度是指工业机器人重复将其手部定位于同一目标位置的偏差。它是衡量一列误差值的密集度(即重复度),取决于工业机器人的应用场合。重复定位精度可以被描述为工业机器人完成例行的工作任务每一次到达同一位置的能力。它一般在±0.05 mm 到±0.02 mm 之间,甚至更精密。例如,如果需要组装一块电子线路板,可能需要一个超级精密重复定位精度的工业机器人。如果应用工序比较粗糙,如打包、码垛等,工业机器人也就不需要那么精密。另一方面,用于组装工程的工业机器人精度的选型要求,也关联组装工程各环节尺寸和公差的传递和计算,如来料的定位精度、工件本身的在治具中的重复定位精度等。这项指标从 2D 方面以正负"±"表示。事实上,由于工业机器人的运动重复点不是线性的而是在空间 3D 运动,运动重复点的实际情况是可以在公差半径内的球形空间内任何位置。当然,通过采用机器视觉技术的运动补偿,可减低工业机器人对来料精度的要求和依赖,提升整体的组装精度。

工业机器人定位精度和重复定位精度的典型情况如图 3-7 所示。

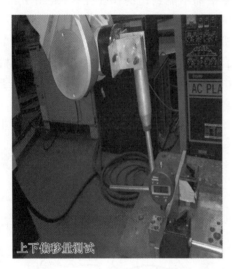

上下偏移量测试　　　　左右偏移量测试

图 3-7　工业机器人定位精度和重复定位精度的典型情况

6. 速度

速度和加速度是表明工业机器人运动特性的主要指标。说明书中通常提供了主要运动自由度的最大稳定速度,但在实际应用中单纯考虑最大稳定速度是不够的。这是因为受驱动器输出功率的限制,从启动到最大稳定速度或从最大稳定速度到停止,都需要一定时间。如果最大稳定速度高,允许的极限加速度小,则加减速的时间就会长一些,对应用而言的有效速度就要低一些;反之,如果最大稳定速度低,允许的极限加速度大,则加减速的时间就会短一些,这有利于有效速度的提高。但加速或减速过快,有可能引起定位时超调或振荡加剧,使得到达目标位置后需要等待振荡衰减的时间增加,也可能使有效速度反而降低。所以,考虑工业机器人的运动特性时,除注意最大稳定速度外,还应注意其最大允许的加减速度。

减小加速度可以使运动更平滑,如图 3-8 所示。

7. 本体重量

工业机器人本体重量是设计工业机器人单元时的一个重要因素。如果工业机器人必须安装在一个定制的机台上,甚至是导轨上,可能需要知道它的重量,以来设计相应的支承。

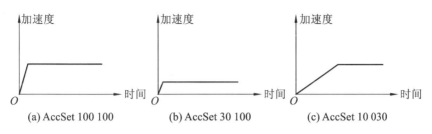

图 3-8　通过减小加速度使运动更平滑原理图

8. 刹车和转动惯量

基本上每个工业机器人制造商都会提供他们的工业机器人制动系统的信息。有些工业机器人对所有的轴配备刹车,其他的工业机器人型号不是所有的轴都配置刹车。要在工作区中确保精确和可重复的位置,需要有足够数量的刹车。

另外,意外断电发生的时候,不带刹车的负重工业机器人轴不会锁死,有造成意外的风险。

同时,某些工业机器人制造商也提供工业机器人的转动惯量。其实,从设计的安全性角度来说,这将是一个额外的保障。如果工业机器人的动作需要一定量的扭矩得以正确完成,需要检查在该轴上适用的最大扭矩是否正确。如果选型不正确,则工业机器人可能由于过载而停机。

9. 防护等级

根据工业机器人的使用环境,选择达到一定的防护等级(IP 等级)的标准。一些工业机器人制造商提供相同的机械手针对不同的场合不同的 IP 防护等级的产品系列。

工业机器人在生产与食品相关的产品,医药、医疗器具,或易燃易爆的环境中工作时,IP 等级会有所不同。一般情况下,标准环境中防护等级为 IP 40,油雾环境中防护等级为 IP 67。

3.1.2　工业机器人的技术参数

工业机器人的技术参数是各工业机器人制造商在产品供货时所提供的技术数据。表 3-1、表 3-2 所示分别为 2 种型号工业机器人的主要技术参数。尽管各工业机器人制造商提供的技术参数不完全一样,工业机器人的结构、用途等有所不同,且用户的要求也不同,但工业机器人的主要技术参数一般都应有自由度、定位精度、工作范围、最大工作速度和承载能力等。

表 3-1　ABB 弧焊机器人 IRB 1410 的主要技术参数

规格		
机器人	承重能力	第 5 轴到达距离
	5 kg	1.44 m
附加载荷		
第 3 轴	18 kg	
第 1 轴	19 kg	
轴数		
机器人本体	6	
外部设备	6	

规格	
集成信号源	上臂 12 路信号
集成气源	上臂最高 8 bar
性能	
重复定位精度	0.05 mm(ISO 试验平均值)
运动	IRB 1410
TCP 最大速度	2.1 m/s
连续旋转轴 6	6
电气连接	
电源电压	200～600 V,50/60 Hz
额定功率 变压器额定值	4 kVA/7.8 kVA,带外轴
物理特性	
机器人安装	落地式
尺寸 机器人机座	620 mm×450 mm
重量 机器人	225 kg
环境	
环境温度 机器人单元	5～45 ℃
相对湿度	最高 95%
防护等级	电气设备为 IP 54,机械设备需干燥环境
噪声水平	最高 70 dB(A)
辐射	EMC/EMI 屏蔽
洁净室	100 级,美国联邦标准 209e

表 3-2 Motoman 工业机器人 HP20D 的主要技术参数

名称	MOTOMAN-HP20D
式样	YR-HP0020D-A00
构造	垂直多关节型(六自由度)
负载	20 kg
重复定位精度	±0.06 mm

动作范围	S 轴（旋转）	$-180°\sim+180°$
	L 轴（下臂）	$-110°\sim+155°$
	U 轴（上臂）	$-165°\sim+255°$
	R 轴（手腕旋转）	$-200°\sim+200°$
	B 轴（手腕摆动）	$-50°\sim+230°$
	T 轴（手腕回转）	$-360°\sim+360°$
最大速度	S 轴（旋转）	3.44 rad/s,197°/s
	L 轴（下臂）	3.05 rad/s,175°/s
	U 轴（上臂）	3.58 rad/s,205°/s
	R 轴（手腕旋转）	6.98 rad/s,400°/s
	B 轴（手腕摆动）	6.98 rad/s,400°/s
	T 轴（手腕回转）	10.47 rad/s,600°/s
容许力矩	R 轴（手腕旋转）	39.2 N·m
	B 轴（手腕摆动）	39.2 N·m
	T 轴（手腕回转）	19.6 N·m
容许惯性矩 $(GD^2/4)$	R 轴（手腕旋转）	1.05 kg·m²
	B 轴（手腕摆动）	1.05 kg·m²
	T 轴（手腕回转）	0.75 kg·m²（T 轴向下方向的界限值）
本体重量		268 kg
安装环境	温度	$0\sim+45$ ℃
	湿度	20%RH～80%RH （无结露）
	振动	4.9 m/s² 以下
	其他	① 远离腐蚀性气体或液体、易燃气体； ② 保持环境远离水、油和粉尘； ③ 远离电气噪声源
电源容量		2.0 kVA

◀ 3.2 工业机器人智能软件 ▶

工业机器人智能软件是工业机器人制造商为提升工业机器人附加价值和提供更简洁的编程界面而开发的功能软件，不同的品牌有自己独有的二次开发软件的功能和界面，一般这种软件都是植入到工业机器人的控制系统中的，用户可以根据工艺情况有选择性地购买工业机器人。为了提高生产效率，降低工业机器人解决方案的所有成本和运营成本，针对工业机器人寿命周期的各个阶段，各工业机器人制造商开发了一系列软件产品。一系列人性化软件工具能帮助工业机器人操作人员和工业机器人程序人员改进工艺,优化生产,提高效率,降低风险,并尽可能扩大工业机器人系统的投资回报。

以 ABB 工业机器人上下料应用为例,依托丰富的工业机器人上下料经验,ABB 公司开发了一整套旨在降低运营成本、提高生产效率的软件工具。这套软件具有编程简易灵活、配置直观友好的特点,并可确保 ABB 工业机器人在上下料单元内无故障运行。ABB 工业机器人 machine tending 界面如图 3-9 所示。

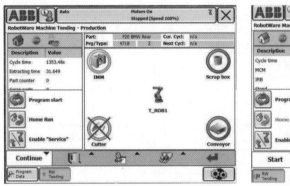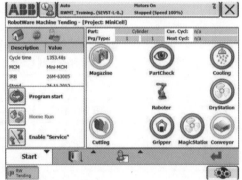

图 3-9　ABB 工业机器人 machine tending 界面

3.2.1　ABB 工业机器人智能软件

1. StampMaster G2

StampMaster G2 是 ABB 公司开发的新一代整线控制器,旨在将冲压线开放为一个"协作过程",同时兼具 SCADA 系统的基本功能,如监视工具、人机界面等。StampMaster G2 将冲压车间的一系列活动,如排程、生产、维护、质控、企业资源计划等贯穿起来,在一个纯实时客户机/服务器环境中实现透明互访、互连互通。

StampMaster G2 将前所未有的创新功能引入冲压车间,无论在车间内还是通过内联网或互联网,都可访问相关生产信息。StampMaster G2 预设远程援助功能,允许 ABB 人员在效率优化、停线恢复等方面提供在线支持。StampMaster G2 分为整线监视、操作员故障排除助理、配方管理器、生产停产管理器、故障与事件、报告、机器人"备份"和"恢复"等若干模块,每个模块均可独立运行,部分模块还可协作运行。

2. PickMaster

通过与 IRC5 或 S4CPlus 工业机器人控制系统高度集成,PickMaster 成为包装工序中操纵机器人的最佳工具。这款基于个人计算机的软件产品使用综合图形界面,具有超强的应用配置,可以允许 8 台工业机器人同时在输送带旁并肩工作。PickMaster 是一款集成多个工艺流程的标准软件产品,真正有效地减少了复杂生产解决方案中的风险,强大的视觉识别和工具检查配合高性能的输送跟踪工艺,成功实现了真正的灵活生产。

3. VirtualArc

VirtualArc 是一款独具特色的、用于 MIG/MAG 仿真的过程软件工具,配有用户友好的图形操作界面,用于在离线环境下预测和调节焊接参数。VirtualArc 将 Arc Physics(一种二维的焊丝-电弧-工件仿真工具)、试验测量、实际经验和神经网络相结合,实现电弧建模和焊接断面建模。该工具将电弧仿真预测值以及热量与质量向焊接工件的转移量作为神经网络的初始输入值,对焊接质量、焊接断面和焊接缺陷等进行预测。

4. RobotWare DieCast

RobotWare DieCast 是一款专为简化编程而开发的软件产品,用于配套 ABB 上下料与后处理工业机器人的操作。该软件配备直观易用的编程与生产界面,拥有安全原位返回、用户认证、生产统计、事件日志等诸多功能,还为上下料操作提供标准化、结构化的编程方法。

5. RW Assembly FC

RW Assembly FC 是一款装配力控制软件,可大力推动工业机器人在"触觉"依赖型作业中的应用,如装配、夹持、产品测试等。该软件以力控制原理作为工业机器人控制策略,使工业机器人的动作随着力传感器的反馈信号不断做出调整。因此,工业机器人能够自动探寻正确的位置,利用智能力/转矩运动技术进行零部件装配,同时消除了零件卡死和损坏的风险,为以往工业机器人不胜任的装配作业铺平了自动化之路。即使对于公差小至数百分之一毫米或零件位置不定的装配作业,通过使用 RW Assembly FC 仍可实现工业机器人全自动化生产,创造可观的经济效益,更可提高产品质量、降低损坏率。

融合力控制技术的工业机器人犹如生出了"触觉",能够像人一样从事零件装配工作,即按预设模式探寻正确的装配位置,同时不断轻推零件,直至其以很小的接触力滑入就位。力控制技术不仅能简化编程工作,降低安装和编程成本,还能减少装配中出现的问题,缩短平均生产节拍时间。

RW Assembly FC 还可用于以下产品测试:对测试对象施加一定的力/力矩,模拟日常使用条件。典型测试对象包括座椅、方向盘、开关、旋钮、操纵杆、抽屉、床等。工业机器人将严格按照指定序列执行测试,不会使测试对象承受过负荷。

6. RobotWare Machining FC

RobotWare Machining FC 软件由两种先进的核心功能组成:一种是 FC Pressure(压力控制)功能,当工业机器人进行铸件研磨抛光时,该功能可保持刀具对工件的压力始终不变;另一种是 FC SpeedChange(变速控制)功能,当工业机器人对铸件的表面或分型线进行去毛刺、去飞边操作时,该功能可持续控制其操作速度,使其在遇到较大凸起时能自动减速运行。

传统的铸件清理技术采用位置控制原理,由于需要尽可能精确地确定工业机器人的运行路径,编程工作复杂而耗时。传统技术在理论上可获得恒定的研磨抛光质量,然而事实并不尽如人意,加工后的铸件往往前后品质不一,公差各不相同,难以获得稳定的工艺效果。

3.2.2　KUKA 工业机器人智能软件

1. KUKA. ConveyorTech

KUKA. ConveyorTech 根据生产流水线及输送带的运动来调节工业机器人的动作。这样,工业机器人就可以加工快速运动的流水线上的工件或者将其从一条输送带转放到另一条输送带上。它还提供了多个跟踪的可能性,被监测类型包括直线、圆弧、混合运行输送机,每台输送机可同时跟踪多达 20 个部件。

2. KUKA 弧焊加工软件

KUKA.SeamTech 是一个传感器系统,是用来自动进行焊缝跟踪的程序。与光通量传感器结合使用,该软件既可用于激光焊接,也可用于气体保护焊。

KUKA.TouchSense 是一款用于在弧焊时进行触觉焊缝搜索的应用软件。用此应用软件可以对工件的形状和位置偏差进行补偿,使得工件上的运动过程与主控轮廓精确吻合。

KUKA.PlastTech 支持工业机器人用于压铸机时的工作流程,使工业机器人和压铸机实现同步动作。例如,在将压铸机打开取出铸件期间,工业机器人即可同步移入机床,这样就缩短了工件加工的周期时间。

3. KUKA 力和扭矩的控制软件

用 KUKA.ForceTorqueControl 技术包可以对加工过程中的力和力矩施加影响,以提高工业机器人应用的质量和加工过程的安全性。软件与力/力矩传感器结合使用时,工业机器人就有了触觉。这样,工业机器人就能感觉灵敏地对外力和外力矩做出反应,并在工件上施加据此编程的力和力矩。

KUKA.CAMRob 是一款技术软件,用它可以根据 CAM(计算机辅助加工)系统中的轨道及过程数据,简便而迅速地将库卡工业机器人用于工件的加工。在执行过程中,KUKA.CAMRob 将在 CAM 系统中生成的数控数据自动转换成工业机器人程序,从而使得工业机器人可以用于加工复杂工件。

3.2.3 FANUC 工业机器人智能软件

FANUC 的 PickMaster 视觉系统 iRVision 是专为新型 FANUC R-J3iC 控制而设计的、简易使用、集成工业机器人视觉功能的新版软件。FANUC iRVision 系统是 FANUC 公司第一款内置视觉系统软件包产品,可用于所有的 R-J3iC 控制器,为用户提供独一无二的工业机器人导向和过程反馈技术。FANUC iRVision 系统是安装即用的工业机器人视觉软件包,只要求有一个摄像头和一条缆线,不需要其他附加的处理硬件;具有 2 维工业机器人导向工具,可完成部分位置检测、防错技术和其他处理功能,一般要求具有专用的传感器或用户装置。

FANUC iRVision 系统降低了机器视觉的复杂性,使工业机器人控制不再需要结合独立的视觉系统。现在,使用者只需要简单地将摄像头连接线插入工业机器人主 CPU 的定义视觉端口,FANUC iRVision 系统就可以开始工作了。

【本章小结】

工业机器人应用选型的通常手段是靠项目经验及各大品牌工业机器人手册数据、选型图表计算进行抉择,选型时一定要对有效负载、自由度、最大动作范围、速度、定位精度进行重点分析。工业机器人制造商还要根据客户不同的具体需求个性化定制工业机器人的功能选项,且定制应以满足工艺要求为基础,以成本效益为导向为原则。

【思考与练习】

1. 查阅 ABB 6640 的主要技术参数,并以表格形式体现。
2. 查阅 ABB 4600 的主要技术参数,并以表格形式体现。
3. 归纳不同品牌的弧焊机器人的型号(4 种以上)。

第 4 章

工业机器人的执行机构

工业机器人是通过工程的方法来实现人或动物等生物的功能的,其中重要的是机构和控制,它们将活体的运动功能加以具体实现。工业机器人的机构可以仿照生物的形态分成与臂、手、足等相对的部分。手部是抓握对象并将手臂的运动传递给对象的机构,在工业机器人中一般称为末端操作器。工业机器人的足部是将工业机器人固定和定位的装置,目前主要有固定式和行走式两种。

工业机器人的末端操作器是工业机器人与工件、工具等直接接触并进行作业的装置,是工业机器人的关键部件之一。它对扩大工业机器人的作业功能、应用范围和提高工作效率都有很大的影响,因此对工业机器人的各种末端操作器进行结构分析研究有着非常重要的意义。

◀ 4.1 工业机器人末端操作器 ▶

安装在工业机器人手臂末端、直接作用于对象的装置叫作末端操作器。末端操作器与人手的作用相似,所以末端操作器也称作工业机器人的手。

工业机器人是一种通用性较强的自动化作业设备,末端操作器则是直接执行作业任务的装置,大多数末端操作器的结构和尺寸都是根据其不同的作业任务要求来设计的,从而形成了多种多样的结构形式。通常,根据用途和结构的不同,工业机器人末端操作器大致可分为以下几类。

(1)夹钳式末端操作器。

(2)吸附式末端操作器。

(3)工具型末端操作器(如焊枪、喷嘴、电磨头等)。

(4)仿生多指灵巧手。

(5)其他手。

4.1.1 夹钳式末端操作器

夹钳式末端操作器与人手相似,是工业机器人广为应用的一种手部形式。它一般由手指(手爪)和传动机构、驱动机构及连接与支承元件组成,如图 4-1 所示。手指是直接与工件接触的部件,通过手爪的开闭动作来实现对物体的夹持。传动机构是向手指传递运动和动力,以实现夹紧和松开动作的机构。驱动机构是向传动机构提供动力的装置。

夹钳式末端操作器按照手指的运动来分类可以分为平移型和回转型,按照夹持方式来分类可以分为外夹式和内撑式,按照驱动方式来分类可以分为电动(电磁)式、液压式和气动式以及它们的组合。

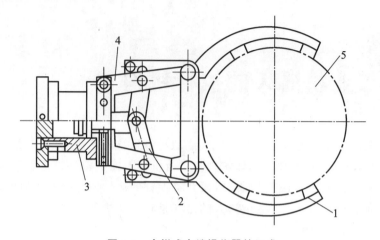

图 4-1 夹钳式末端操作器的组成
1—手指；2—传动机构；3—驱动机构；4—支架；5—工件

1. 手指

夹钳式末端操作器松开和夹紧工件，就是通过手指的张开与闭合来实现的。工业机器人的夹钳式末端操作器一般有 2 个手指，也有的有 3 个或 3 个以上手指，其结构形式常取决于被夹持工件的形状和特性。

指端通常有 V 形指端和平面指端两类。图 4-2 所示为 3 种 V 形指端的形状，这 3 种 V 形指端均用于夹持圆柱形工件。图 4-3 所示的 3 种平面指端，一般用于夹持方形工件（具有两个平行平面）、板形或细小棒料。另外，尖指和薄、长指一般用于夹持小型或柔性工件。其中，薄指一般用于夹持位于狭窄工作场地的细小工件，以避免和周围障碍物相碰；长指一般用于夹持炽热的工件，以免热辐射对夹钳式末端操作器传动机构产生影响。

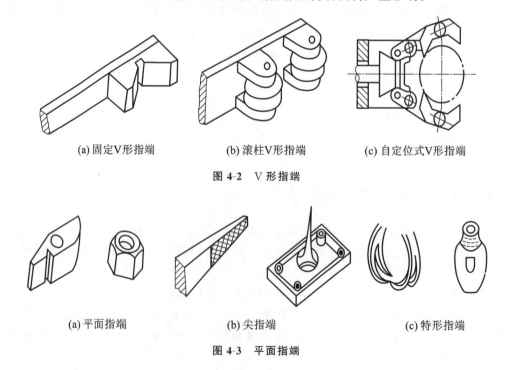

(a) 固定V形指端　　　　(b) 滚柱V形指端　　　　(c) 自定位式V形指端

图 4-2 V 形指端

(a) 平面指端　　　　(b) 尖指端　　　　(c) 特形指端

图 4-3 平面指端

指面常有光滑指面、齿形指面和柔性指面等。光滑指面平整光滑,用来夹持已加工表面,避免已加工表面受损。齿形指面刻有齿纹,可增加夹持工件的摩擦力,以确保夹紧牢靠,多用来夹持表面粗糙的毛坯或半成品。柔性指面内镶橡胶、泡沫、石棉等物,有增加摩擦力、保护工件表面、隔热等作用,一般用于夹持已加工表面、炽热件,也适于夹持薄壁件和脆性工件。

2. 回转型末端操作器

夹钳式末端操作器中使用较多的是回转型末端操作器。回转型末端操作器的手指就是一对杠杆,一般再同斜楔、滑槽、连杆、齿轮、蜗轮蜗杆或螺杆等机构组成复合式杠杆传动机构,用以改变传动比和运动方向等。

图 4-4(a)所示为单作用斜楔式回转型末端操作器结构简图。斜楔向下运动,克服弹簧拉力,使杠杆型手指装着滚子的一端向外撑开,从而夹紧工件;斜楔向上移动,在弹簧拉力作用下,使手指松开。手指与斜楔通过滚子接触可以减小摩擦力,提高机械效率,有时为了简化,也可让手指与斜楔直接接触。也有如图 4-4(b)所示的结构。

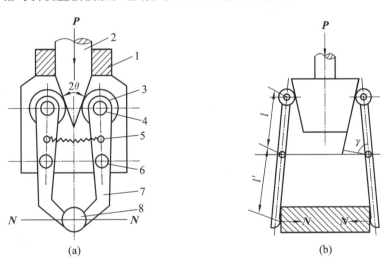

(a)　　　　　　　　(b)

图 4-4　斜楔杠杆式回转型末端操作器结构简图

1—壳体;2—斜楔驱动杆;3—滚子;4—圆柱销;5—拉簧;6—铰销;7—杠杆型手指;8—工件

图 4-5 所示为滑槽杠杆式回转型末端操作器结构简图。杠杆型手指 4 的一端装有 V 形手指 5,另一端则开有长滑槽。驱动杆 1 上的圆柱销 2 套在长滑槽内,当驱动连杆同圆柱销一起作往复运动时,即可拨动两个手指各绕其支点(铰销 3)作相对回转运动,从而实现手指的夹紧与松开动作。

图 4-6 所示为双支点连杆杠杆式回转型末端操作器结构简图。驱动杆 2 末端与连杆 4 由铰销 3 铰接,当驱动杆 2 作直线往复运动时,则通过连杆推动两杆手指各绕其支点作回转运动,从而使手指松开或闭合。

图 4-7 所示为齿轮齿条直接传动的齿轮杠杆式回转型末端操作器结构简图。驱动杆 2 末端制成双面齿条,与扇齿轮 4 相啮合,而扇齿轮 4 与手指 5 固连在一起,可绕支点回转。驱动力推动齿条作直线往复运动,即可带动扇齿轮回转,从而使手指松开或闭合。

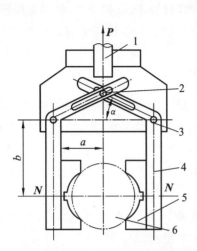

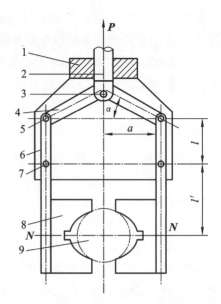

图 4-5　滑槽杠杆式回转型末端操作器结构简图

1—驱动杆；2—圆柱销；3—铰销；
4—杠杆型手指；5—V 形手指；6—工件

图 4-6　双支点连杆杠杆式回转型末端操作器结构简图

1—壳体；2—驱动杆；3—铰销；4—连杆；5，7—圆柱销；
6—杠杆型手指；8—V 形手指；9—工件

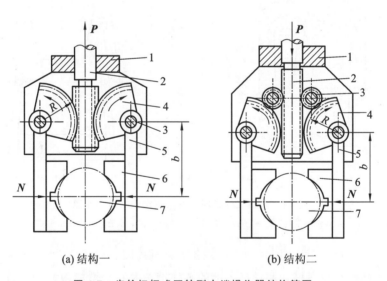

(a) 结构一　　　　　　　　　(b) 结构二

图 4-7　齿轮杠杆式回转型末端操作器结构简图

1—壳体；2—驱动杆；3—中间齿轮；4—扇齿轮；5—手指；6—V 形手指；7—工件

3. 平移型末端操作器

平移型末端操作器是通过手指的指面作直线往复运动或平面移动来实现张开或闭合动作的，常用于夹持具有平行平面的工件（如冰箱等）。它的结构较复杂，不如回转型末端操作器应用广泛。

1）直线平移型末端操作器

实现直线往复移动的机构很多，常用的斜楔传动、齿条传动、螺旋传动等均可应用于末端操作器结构。在图 4-8 所示中，图 4-8（a）所示为斜楔平移机构，图 4-8（b）所示为连杆杠平移结构,图 4-8(c)所示为螺旋斜楔平移结构。它们既可以是双指型的,也可以是三指(或三指以上)型的;既可自动定心,也可非自动定心。

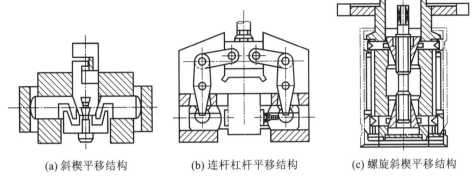

(a) 斜楔平移结构　　(b) 连杆杠杆平移结构　　(c) 螺旋斜楔平移结构

图 4-8　直线平移型末端操作器结构简图

2) 平面平移型末端操作器

图 4-9 所示为几种平面平移型末端操作器结构简图。它们的共同点是都采用平行四边形的铰链机构——双曲柄铰链四连杆机构,以实现手指平移;差别在于分别采用齿条齿轮、蜗杆蜗轮、连杆斜滑槽的传动方法。

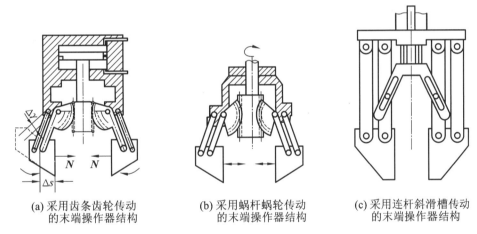

(a) 采用齿条齿轮传动　　(b) 采用蜗杆蜗轮传动　　(c) 采用连杆斜滑槽传动
　　的末端操作器结构　　　　的末端操作器结构　　　　的末端操作器结构

图 4-9　平面平移型末端操作器结构简图

4. 机电结合型末端操作器

要扩大工业机器人的应用领域,提高工业机器人的效率,就要解决工业机器人通用性与专用性之间的矛盾,首先要加强新型夹持器机构的研究,并且把常见结构的要素和优点结合起来,开发出实用和经济的末端操作器。

下面介绍一种爪型的机、电、传感器相结合的夹钳式末端操作器。该机构的结构如图 4-10 所示。它是由锥形螺杆 2、爪指 9 和爪指滑动导槽 10 三者组成的螺旋机构。

它的工作原理是:当电机驱动锥形螺杆顺时针转动时,与之旋合的爪指沿爪指滑动导槽所在的半径方向向内移动,夹紧工件,当工件上承受的夹紧力达到设计值时,指端的压觉和滑觉传感器发出信号,控制系统控制电机停转;释放工件时,由控制系统发出信号,使电机带动锥形螺杆反转即可。

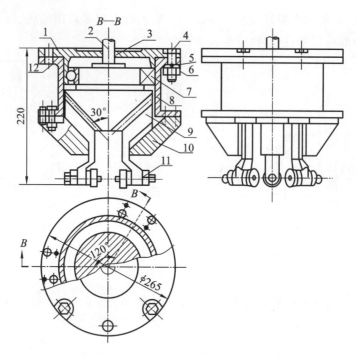

图 4-10　机电结合型末端操作器的结构

1—端盖；2—锥形螺杆；3—毡圈；4—螺栓；5—垫圈；6—螺母；7—轴承；
8—壳体；9—爪指；10—爪指滑动导槽；11—指端；12—调整垫圈

上述为抓放实心工件的动作。该机构还可作为内撑式夹持机构，抓放管形工件时，爪指的抓放动作与之相反。若用于拧紧螺母，首先用该机构将螺母套在螺栓上，然后驱动锥形螺杆顺时针转动，由于螺母已被夹紧，故爪指不再向内滑动，螺母、爪指及壳体连成一体旋转，拧紧螺母，直至满足螺栓预紧力的要求，由指端传感器发出信号，控制系统迫使电机停转。

4.1.2　吸附式末端操作器

吸附式末端操作器靠吸附力取料，根据吸附力的不同分为气吸附式和磁吸附式两种。吸附式末端操作器适用于大平面（单面接触无法抓取）、易碎（玻璃、磁盘）、微小（不易抓取）的物体，因此使用面很广。

1. 气吸附式末端操作器

气吸附式末端操作器是利用吸盘内的压力和大气压之间的压力差而工作的。按形成压力差的方法，气吸附式末端操作器可分为真空吸附式、气流负压吸附式、挤压排气式等。

与夹钳式末端操作器相比，气吸附式末端操作器具有结构简单、重量轻、吸附力分布均匀等优点，对于薄片状物体（如板材、纸张、玻璃等物体）的搬运更有其优越性，广泛应用于非金属材料或不可有剩磁的材料的吸附，但要求物体表面较平整光滑、无孔、无凹槽。下面介绍几种气吸附式末端操作器的结构原理。

1）真空吸附式末端操作器

图 4-11 所示为真空吸附式末端操作器结构简图。它利用真空泵产生真空，真空度较高。构成真空吸附式末端操作器的主要零件为碟形橡胶吸盘 1，它通过固定环 2 安装在支承杆 4 上，支承杆 4 由螺母 5 固定在基板 6 上。取料时，碟形橡胶吸盘与物体表面接触，碟形

橡胶吸盘在边缘既起到密封作用,又起到缓冲作用,然后真空抽气,吸盘内腔形成真空,吸取物料。放料时,管路接通大气,失去真空,物体被放下。真空吸附式末端操作器有时还用于取放难以抓取的微小零件,如图 4-12 所示。为避免在取、放料时产生撞击,有的还在支承杆上配有弹簧缓冲。为了更好地适应物体吸附面的倾斜状况,有的在碟形橡胶吸盘背面设计有球铰链,如图 4-13 所示。真空吸附装置如图 4-14 所示。

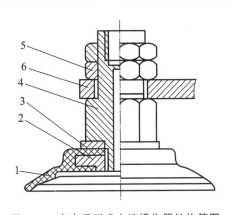

图 4-11 真空吸附式末端操作器结构简图
1—碟形橡胶吸盘;2—固定环;3—垫片;
4—支承杆;5—螺母;6—基板

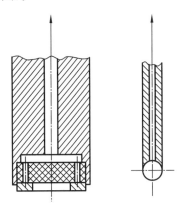

图 4-12 用于取放微小零件的真空吸附式末端操作器

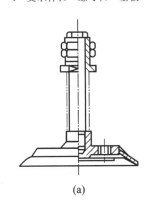

(a)

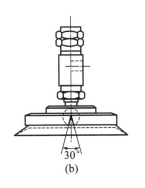

(b)

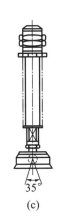

(c)

图 4-13 各种真空吸附式末端操作器

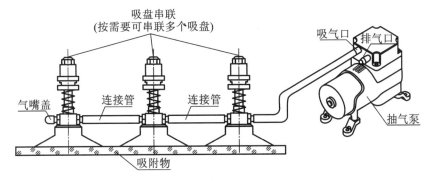

图 4-14 真空吸附装置

真空吸附式末端操作器工作可靠,吸附力大,但需要有真空系统,成本较高。

2）气流负压吸附式末端操作器

气流负压吸附式末端操作器结构简图如图 4-15（a）所示。它利用伯努利效应来进行工作，如图 4-15（b）所示。当压缩空气刚通入时，由于喷嘴的开始一段是逐渐收缩的，气流速度逐渐增加；当管路截面收缩到最小时，气流速度达到临界速度；然后喷嘴管路的截面逐渐增加，与橡胶吸盘相连的吸气口处具有很高的气流速度，而其出口处的气压低于吸盘腔内的气压，于是腔内的气体被高速气流带走而形成负压，完成取物动作；当需要释放物体时，切断压缩空气即可。气流负压吸附式末端操作器需要压缩空气，由于工厂里较易取得压缩空气，且成本较低，故气流负压吸附式末端操作器在工厂中用得较多。

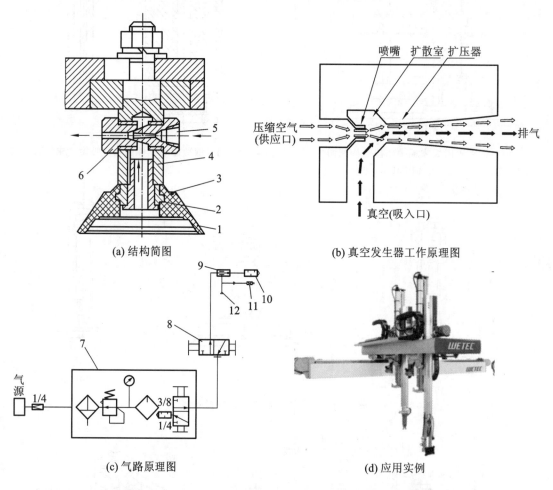

(a) 结构简图

(b) 真空发生器工作原理图

(c) 气路原理图

(d) 应用实例

图 4-15　气流负压吸附式末端操作器结构简图、真空发生器工作原理图、气路原理图和应用实例
1—橡胶吸盘；2—心套；3—透气螺钉；4—支承杆；5—喷嘴；6—喷嘴套；7—气源；
8—电磁阀；9—真空发生器；10—消声器；11—压力开关；12—气爪

气流负压吸附式末端操作器的气路原理图如图 4-15（c）所示。当电磁阀得电时，压缩空气从真空发生器左侧进入并产生主射流，主射流卷吸周围静止的气体并一起向前流动，从真空发生器的右口流出。于是在射流的周围形成了一个低压区，接收室内的气体被吸进来与其相融合在一起流出，在接收室内及吸头处形成负压，当负压达到一定值时，可将工件吸起来，此时压力开关可发出一个工件已被吸起的信号。当电磁阀失电时，无压缩空

气进入真空发生器,不能形成负压,气爪将工件放下。图 4-15(d)所示为气流负压吸附式
末端操作器的应用实例。

　　3) 挤压排气式末端操作器

　　挤压排气式末端操作器结构简图如图 4-16 所示。
其工作原理为:取料时吸盘压紧物体,橡胶吸盘 1 变
形,挤出腔内多余的空气,末端操作器上升,靠橡胶吸
盘的恢复力形成负压,将物体吸住;释放时,压下拉杆
3,使吸盘腔与大气相连通而失去负压。该末端操作器
结构简单,但吸附力小,吸附状态不易长期保持。

2. 磁吸附式末端操作器

　　磁吸附式末端操作器是利用电磁铁通电后产生的
电磁吸力取料的,因此只能对铁磁物体起作用。另外,
对某些不允许有剩磁的零件要禁止使用磁吸附式末端
操作器。所以,磁吸附式末端操作器的使用有一定的
局限性。

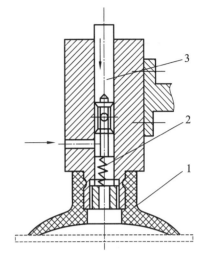

图 4-16　挤压排气式末端操作器结构简图
1—橡胶吸盘;2—弹簧;3—拉杆

　　电磁铁工作原理如图 4-17(a)所示。当线圈 1
通电后,在铁芯 2 内外产生磁场,磁力线穿过铁芯、
空气隙和衔铁 3 形成回路,衔铁受到电磁吸力 F 的作用被牢牢吸住。实际使用时,往往采
用如图 4-17(b)所示的盘状电磁铁,衔铁是固定的,衔铁内用隔磁材料将磁力线切断,当衔
铁接触铁磁零件时,零件被磁化形成磁力线回路,并受到电磁吸力的作用而被吸住。

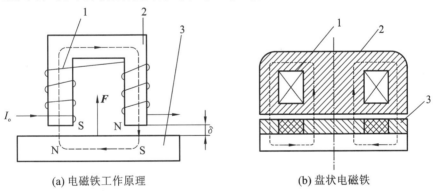

(a) 电磁铁工作原理　　　　　　　　　　(b) 盘状电磁铁

图 4-17　电磁铁
1—线圈;2—铁芯;3—衔铁

　　图 4-18 所示为盘状磁吸附式末端操作器结构简图。铁芯 1 和磁盘 3 之间用黄铜焊料焊
接并构成隔磁环 2,使铁芯 1 成为内磁极,使磁盘 3 成为外磁极。由壳体 6 的外圈,经磁盘
3、工件和铁芯,再到壳体内圈形成闭合磁回路,以吸附工件。铁芯、磁盘和壳体均采用 8～10
号低碳钢制成,可减少剩磁,并在断电时不吸或少吸铁屑。盖 5 为用黄铜或铝板制成的隔磁
材料,用以压住线圈 11,防止工作过程中线圈活动。挡圈 7、8 用以调整铁芯和壳体的轴向间
隙,即磁路气隙 δ,在保证铁芯正常转动的情况下,气隙越小越好,气隙越大则电磁吸力越小,
因此一般取 $\delta=0.1\sim0.3$ mm,铁芯 1 和磁盘 3 一起装在轴承上,用以实现在不停车的情况
下自动上下料。

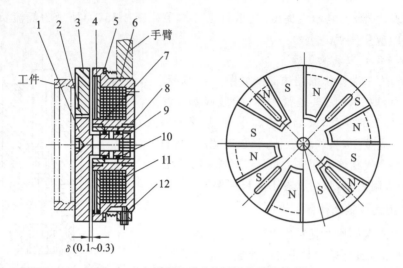

图 4-18 盘状磁吸附式末端操作器结构简图

1—铁芯；2—隔磁环；3—磁盘；4—卡环；5—盖；6—壳体；7,8—挡圈；9—螺母；10—轴承；11—线圈；12—螺钉

图 4-19 所示为几种电磁式吸盘，其中图 4-19（a）所示为吸附滚动轴承座圈用的电磁式吸盘，图 4-19（b）所示为吸取钢板用的电磁式吸盘，图 4-19（c）所示为吸取齿轮用的电磁式吸盘，图 4-19（d）所示为吸附多孔钢板用的电磁式吸盘。

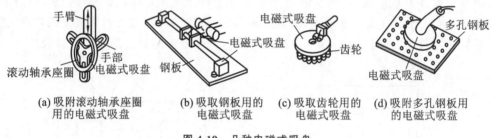

(a) 吸附滚动轴承座圈 用的电磁式吸盘　　(b) 吸取钢板用的 电磁式吸盘　　(c) 吸取齿轮用的 电磁式吸盘　　(d) 吸附多孔钢板用 的电磁式吸盘

图 4-19 几种电磁式吸盘

4.1.3 工具型末端操作器及换接器

1. 专用末端操作器

工业机器人是一种通用性很强的自动化设备，可根据作业要求，配上各种专用的末端操作器后，完成各种动作。例如，在通用机器人上安装焊枪后，它就成为一台焊接机器人；安装拧螺母机，它则成为一台装配机器人。目前有许多由专用电动、气动工具改型而成的末端操作器，如拧螺母机、焊枪、电磨头、电铣头、抛光头、激光切割机等，可供用户选用，使工业机器人能胜任各种工作。各种专用末端操作器如图 4-20 所示。

图 4-20 中还有一个装有电磁吸盘式换接器的工业机器人手腕，电磁吸盘直径为 60 mm，质量为 1 kg，吸力为 1 100 N，换接器可接通电源、信号、压力气源和真空源，电插头有 18 芯，气路接头有 5 路。为了保证连接位置精度，设置了 2 个定位销。在各末端操作器的端面装有换接器插座，换接器插座平时陈列于工具架上，需要使用时工业机器人手腕上的换接器吸盘可从正面吸牢换接器插座，接通电源和气源，然后从侧面将末端操作器退出工具架，工业机器人便可进行作业。

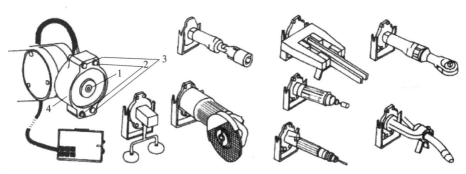

图 4-20　各种专用末端操作器和电磁吸盘式换接器

1—气路接口；2—定位销；3—电接头；4—电磁吸盘

2. 换接器或自动手爪更换装置

一台通用机器人，要在作业时能自动更换不同的末端操作器，就需要配置具有快速装卸功能的换接器。换接器由换接器插座和换接器插头两个部分组成，它们分别装在工业机器人腕部和末端操作器上，能够实现工业机器人对末端操作器的快速自动更换。

专用末端操作器换接器的要求主要有：具备气源、电源及信号的快速连接与切换功能；能承受末端操作器的工作载荷；在失电、失气情况下，工业机器人停止工作时不会自行脱离；具有一定的换接精度等。

图 4-21 所示为气动换接器与专用末端操作器库。该换接器也分成两个部分：一部分装在工业机器人手腕上，称为换接器；另一部分装在末端操作器上，称为配合器。利用气动锁紧器将这两个部分连接。该换接器还具有就位指示灯，以显示电路、气路是否接通。

具体实施时，各种专用末端操作器放在工具架上，组成一个专用末端操作器库，如图 4-22 所示。

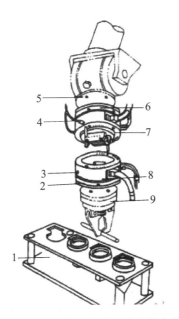

图 4-21　气动换接器与专用末端操作器库

1—末端操作器库；2—操作器过渡法兰；3—位置指示灯；4—换接器气路；
5—连接法兰；6—过渡法兰；7—换接器；8—换接器配合端；9—末端操作器

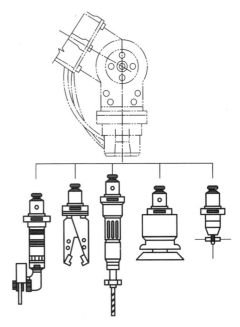

图 4-22　专用末端操作器库

3. 多工位换接装置

某些工业机器人的作业任务相对较为集中,需要换接一定量的末端操作器,又不必配备数量较多的末端操作器库。这时,可以在工业机器人手腕上设置一个多工位换接装置。例如,在工业机器人柔性装配线某个工位上,工业机器人要依次装配如垫圈、螺钉等几种零件,装配采用多工位换接装置,可以从几个供料处依次抓取几种零件,然后逐个进行装配,这样既可以节省几台专用机器人,又可以避免通用机器人频繁换接操作器和节省装配作业时间。

多工位换接装置如图 4-23 所示,就像数控加工中心的刀库一样,它可以有棱锥型和棱柱型两种形式。棱锥型多工位换接装置可保证手爪轴线和手腕轴线一致,受力较合理,但其传动机构较为复杂;棱柱型多工位换接装置传动机构较为简单,但其手爪轴线和手腕轴线不能保持一致,受力不均。

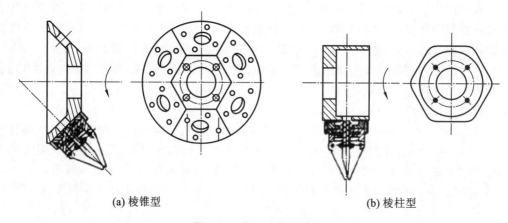

(a) 棱锥型　　　　　　　　　　　　　　　　(b) 棱柱型

图 4-23　多工位换接装置

4.1.4　仿生多指灵巧手

简单的夹钳式末端操作器不能适应物体外形变化,不能使物体表面承受比较均匀的夹持力,因此无法对复杂形状、不同材质的物体实施夹持和操作。为了提高工业机器人手爪和手腕的操作能力、灵活性和快速反应能力,使工业机器人能像人手那样进行各种复杂的作业,如装配作业、维修作业、设备操作作业以及做礼仪手势等,就必须有一个运动灵活、动作多样的灵巧手。

1. 柔性手

为了能对不同外形的物体实施抓取,并使物体表面受力比较均匀,因此研制出了柔性手。图 4-24 所示为多关节柔性手。其每个手指由多个关节串联而成,手指传动部分由牵引钢丝绳及摩擦滚轮组成,每个手指由两根钢丝绳牵引,一侧为握紧,另一侧为放松。驱动方式可采用电机驱动或液压、气动元件驱动。柔性手可抓取凹凸不平的物体并使物体受力较为均匀。

图 4-25 所示为用柔性材料做成的柔性手。该柔性于一端固定,另一端为自由端的双管合一的柔性管状手爪,当一侧管内充气体或液体、另一侧管内抽气或抽液时,形成压力差,柔性手就向抽空侧弯曲。此种柔性手适用于抓取轻型、圆形物体,如玻璃器皿等。

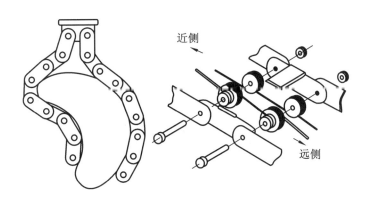

图 4-24　多关节柔性手

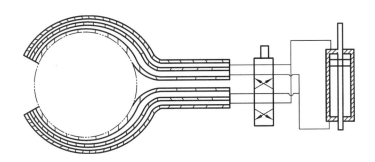

图 4-25　用柔性材料做成的柔性手

2. 多指灵巧手

工业机器人手爪和手腕最完美的形式是模仿人手的多指灵巧手。如图 4-26 所示,多指灵巧手有多个手指,每个手指有 3 个回转关节,每一个关节的自由度都是独立控制的。因此,人的手指能完成的各种复杂动作它几乎都能模仿,如拧螺钉、弹钢琴、做礼仪手势等动作。在手部配置触觉、力觉、视觉、温度传感器,将会使多指灵巧手达到更完美的程度。多指灵巧手的应用前景十分广泛,可在各种极限环境下完成人无法实现的操作,如在核工业领域、宇宙空间作业,在高温、高压、高真空环境下作业等。

图 4-26　多指灵巧手

4.1.5　其他手

1. 弹性力手爪

弹性力手爪的特点是其夹持物体的抓力是由弹性元件提供的,不需要专门的驱动装置,在抓取物体时需要一定的压力,而在卸料时,则需要一定的拉力。

图 4-27 所示为几种弹性力手爪的结构原理图。图 4-27(a)所示的手爪有一个固定爪,另一个活动爪 6 靠压簧 4 提供抓力,活动爪绕轴 5 回转,空手时其回转角度由平面 2、3 限

制。抓物时,活动爪 6 在推力作用下张开,靠爪上的凹槽和弹性力抓取物体;卸料时,需固定物体的侧面,手爪用力拔出即可。

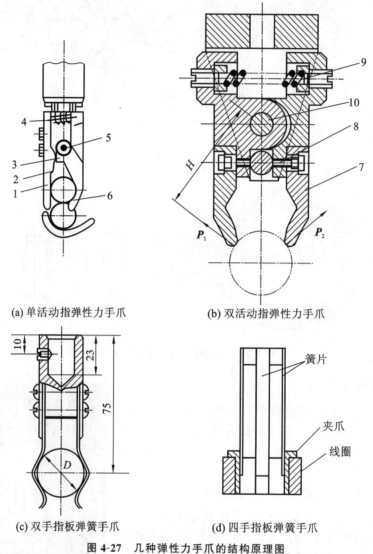

(a) 单活动指弹性力手爪　　　　(b) 双活动指弹性力手爪

(c) 双手指板弹簧手爪　　　　(d) 四手指板弹簧手爪

图 4-27　几种弹性力手爪的结构原理图

1—手指;2,3—接触面;4,9——压簧;5,10—轴;6—活动爪;7—杠杆活动爪;8—销轴

图 4-27(b)所示为具有 2 个活动爪的弹性力手爪。压簧 9 的两端分别推动两个杠杆活动爪 7 回绕轴 10 摆动,销轴 8 保证两爪闭合时有一定的距离,在抓取物体时接触反力产生手爪张开力矩。图 4-27(c)所示是用 2 片板弹簧做成的手爪。图 4-27(d)所示是用 4 片板弹簧做成的内卡式手爪,用于电表线圈的抓取。

2. 摆动式手爪

摆动式手爪的特点是在手爪的开合过程中,爪的运动状态是绕固定轴摆动的,结构简单,使用较广,适合于圆柱表面物体的抓取。

图 4-28 所示为一种摆动式手爪的结构原理图。这是一种连杆摆动式手爪,活塞杆移动,并通过连杆带动手爪回绕同一轴摆动,完成开合动作。

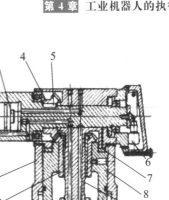

图 4-28 摆动式手爪的结构原理图

1—手爪；2—夹紧油缸；3—活塞杆；4,12—锥齿轮；5,11—键；6—行程开关；7—止推轴承垫；
8—活塞套；9—主体轴承；10—圆柱齿轮；13—升降油缸体

图 4-29 所示为自重式手部的结构原理图，它要求工件对手指的作用力的方向在手指回转轴垂直线的外侧，使手指趋向闭合。这种手部结构是依靠工件本身的重量来夹紧工件的，工件越重，握力越大。该手部结构手指的开合动作由铰接活塞油缸来实现，适用于传输垂直上升或水平移动的重型工件。

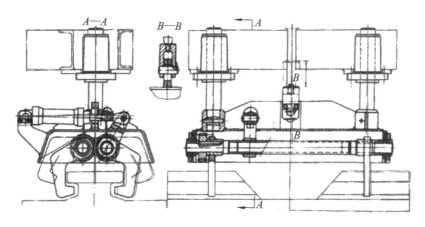

图 4-29 自重式手部的结构原理图

图 4-30 所示为弹簧外卡式手部的结构原理图。手指 1 的夹放动作是依靠手臂的水平移动而实现的。当顶杆 2 与工件端面相接触时，压缩弹簧 3，并推动拉杆 4 向右移动，使手指 1 绕支承轴回转而夹紧工件。卸料时手指 1 与卸料槽口相接触，使手指张开，顶杆 2 在弹簧 3 的作用下将工件推入卸料槽内。这种手部适用于抓取轻小环形工件，如轴承内座圈等。

3. 勾托式手部

勾托式手部可分为无驱动装置和有驱动装置两种类型。勾托式手部的结构示意图如图 4-31 所示。勾托式手部并不靠夹紧力来夹持工件，而是利用工件本身的重量，通过手指对工件的勾、托、捧等动作来托持工件。应用勾托方式可降低对驱动力的要求，简化手部结构，甚至可

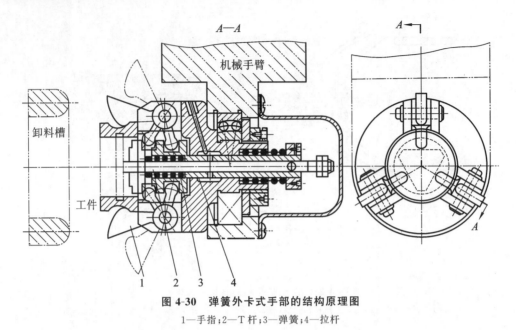

图 4-30 弹簧外卡式手部的结构原理图
1—手指；2—T 杆；3—弹簧；4—拉杆

以省略手部驱动装置。该手部适用于在水平面内和垂直面内搬运大型笨重的工件或结构粗大而质量较轻且易变形的物体。

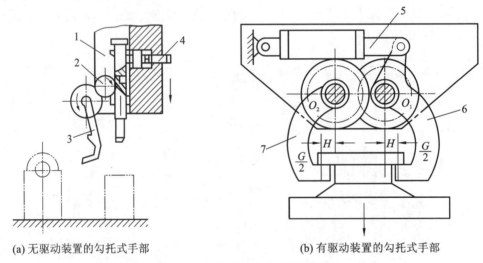

(a) 无驱动装置的勾托式手部　　　　　　(b) 有驱动装置的勾托式手部

图 4-31 勾托式手部的结构示意图
1—齿条；2—齿轮；3—手指；4—销；5—驱动油缸；6,7—杠杆手指

◀ 4.2 工业机器人末端操作器设计 ▶

工业机器人是一种通用性较强的自动化作业设备，而末端操作器则是直接执行作业任务的装置，作业任务不同，末端操作器的结构和尺寸也不同，从而形成了多种结构形式的末端操作器。工业机器人的抓取作业是工业机器人在工业生产中的一个重要应用。这里以应用于抓取作业的末端操作器为例，讨论末端操作器的设计方法。

4.2.1　设计末端操作器时需考虑的因素和设计要求

末端操作器设计要素有机构结构、抓取方式、抓取力的大小和驱动装置等。抓取物件的特征和操作参数的要求,也会影响到末端操作器的设计。

1. 设计末端操作器时需考虑的因素

(1) 操作对象的形状、质量、大小、表面状态和材质等。

(2) 操作的空间环境、操作准确度、速度和加速度等操作参数。

(3) 工业机器人的最大负载能力和工作半径等。

2. 末端操作器的设计要求

(1) 不论是夹持还是吸附,末端操作器需要有满足作业需要的足够的夹持(吸附)力。

(2) 应保证工件在末端执行机构内准确定位。

(3) 应尽可能使末端操作器结构简单和紧凑,质量轻,以减轻手臂负荷。

(4) 经济实用可靠。

4.2.2　末端操作器设计实例

设计一个末端操作器,将铝活塞铸造毛坯从模具中取出,并运送到离模具 2 m 远处的铝活塞毛坯箱里。铝活塞如图 4-32 所示。

铝活塞尺寸为外径 $\phi101.6$ mm,高 106 mm,重 2.4 kg,材料为铝。

设计过程如下。

1. 选型

操作对象为圆柱体,选用 V 形手指。为了获得比较大的手指张合开度,采用滑槽杠杆式回转型传动机构。工件有 2 kg 重,气压驱动不够,因此用液压缸来提供驱动力。它的结构形式如图 4-33 所示。对于滑槽杠杆式回转型末端操作器,当驱动器推动杆 2 向上运动时,圆柱销 3 在两杠杆 4 的滑槽中移动,迫使与支架 1 相铰接的两手指(钳爪)产生夹紧动作和夹紧力;当杆 2 向下运动时,手指松开。

图 4-32　铝活塞

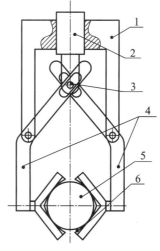

图 4-33　末端操作器的结构

1—支架;2—杆;3—圆柱销;4—杠杆;5—活塞工件;6—弹簧片

考虑到所要夹持零件的尺寸和质量,初选液压缸型号为 Y-HG1-C40/22×25LF2HL1Q。

2. 夹紧力校验

要夹持住零件必须满足条件:

$$2fF_N \geqslant G \tag{4-1}$$

式中:f——手指与工件的静摩擦系数,工件材料为铝,手指为钢材,查《机械零件手册》得 $f = 0.15$;

　　N——作用在零件内壁上的压紧力;

　　G——零件的重力。

所以

$$F_N \geqslant \frac{G}{2f} = \frac{24}{2 \times 0.15} \text{ N} = 80 \text{ N} \tag{4-2}$$

取 $F_N = 80$ N。

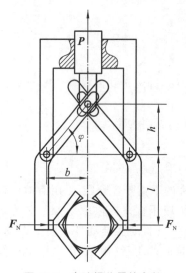

图 4-34　末端操作器的参数

驱动力的计算公式为

$$P = 2lF_N \cos^2 \alpha \frac{1}{b\eta} \tag{4-3}$$

参数如图 4-34 所示。α 为斜面倾角,$\alpha = 49°$;η 为传动机构的效率,这里为平摩擦传动,查《机械零件手册》得 $\eta = 0.85 \sim 0.92$,这里取 0.85;$b = 90.8$ mm;$l = 154.53$ mm。

所以

$$P = 2 \times 154.53 \times 80 \times \cos^2 49° \times \frac{1}{0.85 \times 90.8} \text{ N}$$

$$= 137.88 \text{ N} \tag{4-4}$$

取 $P = 150$ N。

液压缸所产生的推力计算公式为

$$F = \frac{\pi D^2}{4} p\eta_m \tag{4-5}$$

式中:D——气缸的内径(m);

　　p——工作压力(Pa),查表 4-1 可得。

表 4-1　液压传动与气压传动

负载 F/N	<5 000	5 000~10 000	10 000~20 000	20 000~30 000	30 000~50 000	>50 000
工作压力 p/MPa	<0.8~1	1.5~2	2.5~3	3~4	4~5	>5~7

取 $p = 0.5$ MPa。由《液压系统设计》可查得 $\eta_m = 0.9 \sim 0.95$,所以

$$F = \frac{\pi D^2}{4} p\eta_m = \frac{3.14 \times (40 \times 10^{-3})^2}{4} \times 0.5 \times 10^6 \times 0.9 \text{ N} = 565 \text{ N} \tag{4-6}$$

由以上计算可知液压缸能产生的推力 $F = 565$ N 大于夹紧工件所需的推力 $P = 150$ N。所以该液压缸能够满足要求。

4.2.3 末端操作器其他实例

图 4-35 所示为各种末端操作器实例。

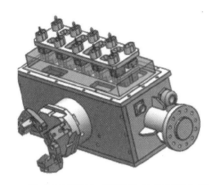

(a) 发动机压铸轴瓦镶件取件末端操作器

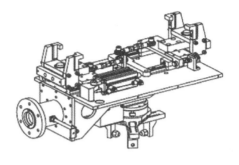

(b) 发动机侧盖压铸取件切边末端操作器

(c) 催化剂取件搬运末端操作器

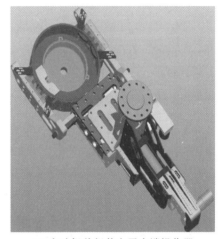

(d) 电动机盖组装定子末端操作器

(e) 注汤手臂末端操作器

(f) 点焊末端操作器

图 4-35 末端操作器实例

◀ 4.3 工业机器人安装定位 ▶

工业机器人机座可分成固定式和行走式两种。一般工业机器人的机座为固定式的,但随着海洋科学、原子能工业及宇宙空间事业的发展,移动机器人和自动行走机器人的应用也越来越多了。

4.3.1 固定式机座

固定式机器人的机座直接连接在地面基础上,也可固定在机身上。如图 4-36 所示的瑞典 ABB 六自由度多关节型工业机器人,其机座安装尺寸图如图 4-37 所示,机座设计样图如图 4-38 所示。

图 4-36 ABB 六自由度多关节型工业机器人

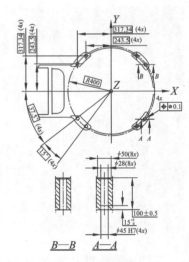

图 4-37 ABB 六自由度多关节型
工业机器人机座安装尺寸图

图 4-38 ABB 六自由度多关节型工业机器人机座设计样图

4.3.2 行走式机座

行走式机座也称行走机构,是行走机器人的重要执行部件。它由行走的驱动装置、传动机构、位置检测元件和传感器、电缆及管路等组成。它一方面支承工业机器人的机身、臂和手部;另一方面根据工作任务的要求,带动工业机器人实现在更大的空间内运动,如图 4-39 所示。

行走机构按行走运动轨迹可分为固定轨迹式和无固定轨迹式两种。固定轨迹式行走机构主要用于工业机器人。倒挂固定轨迹式行走机器人如图 4-40 所示。无固定轨迹式行走方式按行走机构的结构特点可分为轮式(见图 4-41 所示)、履带式(见图 4-42)和步行式(见图 4-43)。在行走过程中,前两者与地面连续接触,后者与地面间断接触。前两者的形态为运行车式,后者则为类似于人(或动物)的腿脚式。运行车式行走机构用得比较多,多用于野外作业,比较成熟;步行式行走机构正在发展和完善中。

图 4-39 行走式机座

图 4-40 倒挂固定轨迹式行走机器人

图 4-41 轮式行走机器人

图 4-42 履带式行走机器人

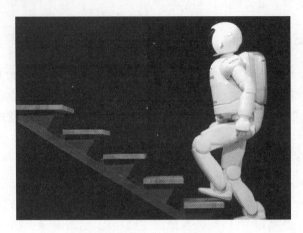

图 4-43　步行式行走机器人

◀ 4.4　工业机器人本体附件设计概要 ▶

4.4.1　工业机器人本体用户电缆布线原则

1. 标准管线包

为更人性化、智能标准化,部分行业应用工业机器人厂家提供的标准配置,例如焊具固定件、送丝机固定件、送丝盘固定件、点焊管线包、搬运标准夹具等,为二次开发提供更便利的应用条件。

2. 非标管线包

图 4-44 所示为工业机器人末端操作器焊枪与法兰盘的固定。每款工业机器人本体都设计有固定螺纹孔(详细尺寸参阅厂家工业机器人随机手册说明或从厂家官网上下载数据),设定非标管线包固定件,一定要牢固耐用,并结合使用的工业机器人相关参数,不能超出负载重量。

终端固定件的设计要素:结构轻巧;根据焊接工艺要求焊枪角度的可达性设计;焊枪夹持可调性;防撞检测;快换灵活性;终端管线与手腕有无干涉。

送丝机固定件的设计要素:结构轻巧;固定件承载力及摆动力;避免送丝管、送气管与工业机器人本体摩擦;尽量采用本体用户管线包;管线尽量固定在本体上,如图 4-45 所示;如果管线包重量较重,则需设计随动装置,如图 4-45 所示。

4.4.2　工业机器人本体信号中转电箱定位

工业机器人本体信号中转电箱固定在工业机器人本体上,在工艺允许的情况下,结合中转箱的大小及是否影响机器人的动作而设计。图 4-46、图 4-47、图 4-48 所示是本体固定信号中转电箱的示意图,根据工艺要求工程师设计思路,信号中转电箱也可另寻固定方式,如固定在某周边设备上、另做支架固定在地面上等。

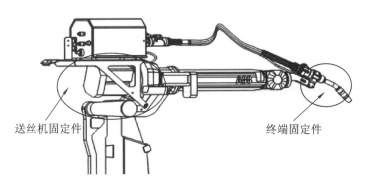

送丝机固定件   终端固定件

图 4-44 焊接机器人本体附件固定设计

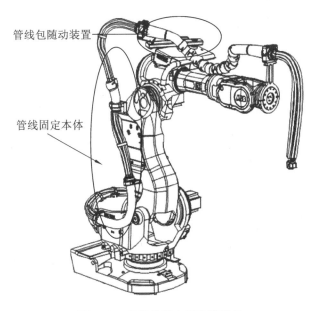

管线包随动装置

管线固定本体

图 4-45 点焊机器人标准管线包

图 4-46　固定在本体 1 轴上的信号中转电箱

图 4-47　固定在本体 2 轴上的信号中转电箱

图 4-48　固定在本体 3 轴上的信号中转电箱

工业机器人本体信号中转电箱的作用是：由于部分工艺生产要求，其设计的控制较为复杂，工业机器人本体标配的管线包不够用时，用户自己进行二次开发，这时就需要考虑本体信号中转电的固定方式及设计要素；维护方便，使管线布置更合理。

信号中转电箱中通常放置什么呢？夹手控制电磁阀、过线端子排、线槽、继电器、检测元件等。结合工艺布局要求，信号中转电箱需要安置的部件，决定着信号中转电箱的大小。信号中转电箱出线与末端操作器连接，进线与控制器连接。为考虑维护方便，通常进线、进气采用快插式重载航插。

【本章小结】

末端操作器是直接执行工作的装置，对扩大工业机器人的作业功能、应用范围和提高工作效率都有很大的影响。本章先介绍了末端操作器的定义和分类，然后具体介绍了各种末端操作器的结构和特点，讨论了末端操作器的设计方法。

在工业机器人的执行机构中，工业机器人的安装定位和附件也很重要。本章介绍了工业机器人安装定位的方式、特点，讨论了工业机器人本体附件的设计概要。

【思考与练习】

1. 工业机器人末端操作器的特点是什么？大致分为哪几类？
2. 真空吸盘有哪几种？试述它们的工作原理。
3. 什么是多工位换接装置？
4. 简述你所了解的末端操作器的用途。
5. 工业机器人有哪几种定位方式？各有什么特点？

第 5 章

工业机器人环境感觉技术

研究工业机器人,首先从模仿人开始。通过考察人的劳动(与环境交互的过程)我们发现,人是通过五官(耳、目、口、鼻、舌)接收外界信息的。这些信息通过神经传递给大脑,大脑对这些分散的信息进行加工、综合后发出行为指令,调动肌体(如手、足等)执行某些动作。通过前面的学习我们已经知道,工业机器人的计算机相当于人类的大脑,执行机构相当于人类的四肢,传感器相当于人类的五官。其中,传感器处于连接外界环境与工业机器人的接口位置,是工业机器人获取信息的窗口。要使工业机器人拥有智能,对环境变化做出反应,第一,必须使工业机器人具有感知环境的能力,用传感器采集环境信息是工业机器人智能化的第一步;第二,必须采用适当的方法,将多个传感器获取的环境信息加以综合处理,控制工业机器人进行智能作业,这更是工业机器人智能化的重要体现。所以,传感器及其信息处理系统相辅相成,构成了工业机器人的智能,为工业机器人智能作业提供了基础。

◀ 5.1 工业机器人的视觉 ▶

每个人都能体会到,眼睛对于人来说是多么的重要。可以说,人类从外界获得的信息,大多数都是通过眼睛得到的。有研究表明,通过视觉获得的感知信息占人对外界感知信息的 80%。人类视觉细胞数量的数量级大约为 10^8,是听觉细胞的 300 多倍,是皮肤感觉细胞的 100 多倍,从这个角度也可以看出视觉系统的重要性。

从 20 世纪 60 年代开始,人们着手研究工业机器人视觉系统。一开始,视觉系统只能识别平面上的类似积木的物体。到了 20 世纪 70 年代,视觉系统已经可以认识某些加工部件,也能认识室内的桌子、电话等物品了。当时的研究工作虽然进展很快,却无法用于实际,这是因为视觉系统的信息量极大,处理这些信息的硬件系统十分庞大,花费的时间也很长。

随着大规模、超大规模集成电路技术的发展,计算机内存的体积不断缩小,价格急剧下降,速度不断提高,视觉系统也因此走向了实用化。进入 20 世纪 80 年代后,由于微计算机的飞速发展,实用的视觉系统已经进入各个领域,其中用于工业机器人的视觉系统也很多。

工业机器人视觉与文字识别和图像识别的区别在于,工业机器人视觉系统一般需要处理三维图像,不仅需要了解物体的大小、形状,还要知道物体之间的关系,即要掌握工业机器人能够作业的空间感。为了实现这一目标,要克服很多困难,因为视觉传感器只能得到二维图像,而从不同角度来看同一物体,就会得到不同的图像。光源的位置和强度不同,得到的图像的明暗程度和分布情况也不同,虽然实际的物体互不重叠,但是从某一个角度看能得到重叠的图像。为了解决这个问题,人们采取了很多措施,并不断地研究新的方法。

通常,为了减轻视觉系统的负担,人们总是尽可能地改善外部环境条件,对视角、照明、物体的放置方式等做出某种限制,但更重要的还是加强视觉系统本身的功能和使用较好的信息处理方法。

5.1.1　视觉系统的硬件组成

视觉系统可以分为图像输入(获取)、图像处理、图像输出等几个部分,如图 5-1 所示。实际应用中视觉系统可以根据需要选择其中的若干部件。

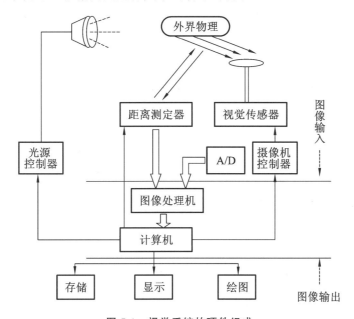

图 5-1　视觉系统的硬件组成

1. 视觉传感器

视觉传感器是将景物的光信号转换成电信号的器件。大多数工业机器人视觉传感器都不必通过胶卷等媒介物,而是直接把景物摄入。过去经常使用电视摄像机作为工业机器人的视觉传感器,近年来开发了由 CCD(电荷耦合器件)和 MOS(金属氧化物半导体)器件等组成的固体视觉传感器。固体视觉传感器又可以分为一维线性传感器和二维线性传感器。目前二维线性传感器已经能做到 4 000 个像素以上。固体视觉传感器由于具有体积小、质量轻等优点,应用日趋广泛。

由视觉传感器得到的电信号,经过 A/D 转换成数字信号,称为数字图像。一般地,一个画面可以分成 256×256 像素、512×512 像素或 1 024×1 024 像素,像素的灰度可以用 4 位或 8 位二进制数来表示。一般情况下,这么大的信息量对工业机器人系统来说是足够的。在要求比较高的场合,还可以通过彩色摄像系统或在黑白摄像管前面加上红、绿、蓝等滤光器得到颜色信息和较好的反差。

在传感器的信息中加入景物各点与摄像管之间的距离信息,显然是很有用的。每个像素都含有距离信息的图像,称为距离图像。目前,有人正在研究获得距离信息的各种办法,但至今还没有一种简单实用的装置。

2. 摄像机和光源控制

工业机器人的视觉系统直接把景物转化成图像输入信号,因此取景部分应当能根据具体情况自动调节光圈的焦点,以便得到一幅容易处理的图像。对摄像机和光源控制的基本要求如下。

(1) 焦点能自动对准要看的物体。

(2) 根据光线强弱自动调节光圈。

(3) 自动转动摄像机,使被摄物体位于视野中央。

(4) 根据目标物体的颜色选择滤光器。

此外,还应当调节光源的方向和强度,使目标物体能够看得更清楚。

3. 计算机

由视觉传感器得到的图像信息要由计算机存储和处理,根据各种目的输出处理后的结果。20 世纪 80 年代以前,由于微计算机的内存量小,内存的价格高,因此往往另加一个图像存储器来储存图像信息。现在,除了某些大规模视觉系统之外,一般都使用微计算机或小型机来存储和处理图像信息。除了通过显示器显示图形之外,还可以用打印机或绘图仪输出图像,且使用转换精度为 8 位 A/D 转换器就可以了。但由于数据量大,要求转换速度快,目前使用 100 MB 以上的 8 位 A/D 转换器。

4. 图像处理机

计算机一般都是串行运算的,要处理二维图像很费时间。在要求较高的场合,可以设置一种专用的图像处理机,以便缩短计算时间。图像处理只是对图像数据做了一些简单、重复的预处理,数据进入计算机后,还要进行各种运算。

5.1.2　工业机器人视觉的应用

1. 弧焊过程中焊枪对焊缝的自动对中

图 5-2 所示为具有视觉焊缝对中功能的弧焊机器人的系统结构。图像传感器直接安装在工业机器人末端操作器中。焊接过程中,图像传感器对焊缝进行扫描检测,获得焊前区焊缝的截面参数曲线,计算机根据该截面参数计算出末端操作器相对焊缝中心线的偏移量,然后发出位移修正指令,调整末端操作器直到偏移量为零为止。图 5-3 所示为用视觉技术实现弧焊机器人弧焊工作焊缝的自动跟踪原理图。瑞典 ASEA 公司研制的 Opotocator 弧焊用视觉系统,安装在距工件 175 mm 高度,视野宽度为 32 mm,分辨率为 0.06 mm;安装在 IRL 6/2 弧焊机器人上能达到对中精度为 0.40 mm。该系统中所用的图像传感器还可测量出钢板厚度,能自动调节弧焊电流,从而保证焊接质量,并使厚度为 0.80 mm 的薄钢板焊接成为可能。弧焊机器人装上视觉系统后给编程带来了方便,编程时只需严格按图样进行即可。在焊接机器人焊接过程中产生的焊缝变形及传动系统的误差均可由视觉系统自动检测并加以补偿。

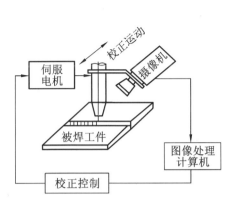

图 5-2 具有视觉焊缝对中功能的
弧焊机器人的系统结构

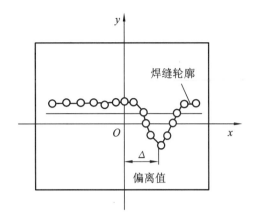

图 5-3 用视觉技术实现弧焊机器人
弧焊工作焊缝的自动跟踪原理图

2. 在装配作业中的应用

图 5-4 所示为一个吸尘器自动装配实验系统,它由 2 台关节型工业机器人和 7 台图像传感器组成。底盘、气泵和过滤器等都自由堆放在右侧备料区,该区上方装设 3 台图像传感器(α、β、γ),用以分辨物料的种类和方位。工业机器人的前部为装配区,这里有 4 台图像传感器 A、B、C 和 D,用以对装配过程进行监控。使用这套系统装配一台吸尘器只需 2 分钟。

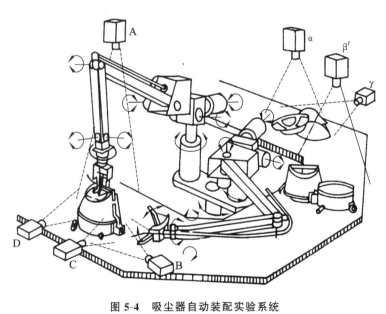

图 5-4 吸尘器自动装配实验系统

3. 工业机器人非接触式检测

腕部配置视觉传感器的工业机器人,可用于对异形零件进行非接触式测量,如图 5-5 所示。这种测量方法除了能完成常规的空间几何形状、形体相对位置的检测外,如果配上超声、激光、X 射线探测装置,还可进行零件内部的缺陷探伤、表面涂层厚度测量等作业。

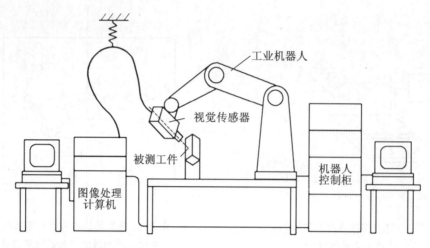

图 5-5　具有视觉系统的工业机器人进行非接触式测量

4. 利用视觉的自主工业机器人系统

日本日立中央研究所研制的具有自主控制功能的智能机器人,可以用来完成按图装配产品的作业,图 5-6 所示为其工作示意图。它的 2 个视觉传感器是工业机器人的眼睛,一个用于观察装配图纸,并通过计算机来理解图中零件的立体形状及装配关系;另一个用于从实际工作环境中识别出装配所需的零件,并对其形状、位置、姿态等进行识别。此外,多关节型工业机器人还带有触觉。利用这些传感器信息,可以确定装配顺序和装配方法,逐步将零件装成与图纸相符的产品。

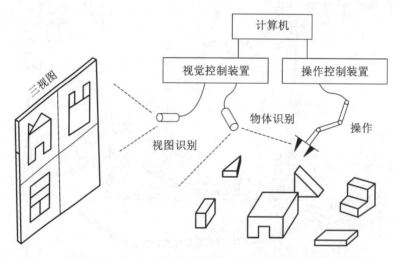

图 5-6　日立自主控制工业机器人工作示意图

从功能角度来看,这种工业机器人具有图形识别功能和决策规划功能,前者可以识别一定的目标(如宏指令)、装配图纸、多面体等;后者可以确定操作序列,包括装配顺序、手部轨迹、抓取位置等。这样,只要对工业机器人发出类似于人的表达形式的宏指令,工业机器人就会自动考虑执行这些指令的具体工作细节。该工业机器人已成功地进行了印刷板检查和晶体管、电动机等装配工作。

5.1.3 视觉成像过程

通过视觉产品将被摄取目标转换成图像信号,传送给专用的图像处理系统,根据像素分布和亮度、颜色等信息,转变成数字化信号;图像系统对这些信号进行各种运算来抽取目标的特征,进而根据判别的结果来控制现场的设备动作。

视觉成像过程如表 5-1 所示。

表 5-1 视觉成像过程

简 图	成 像 步 骤
	产品外观结构完整
	将实物通过光学系统转换成数字图像
	对图像运用算法进行滤波、二值化等处理
	对处理后的图像中的有效特征进行提取
	根据像素分布和亮度、颜色等信息,将图像转变成数字信号
	将图像特征数据通过通信传递给外部设备

◀ 5.2 工业机器人的触觉 ▶

触觉是智能机器人实现与外界环境直接作用的必需媒介,是仅次于视觉的一种重要感知形式。作为视觉的补充,触觉能感知目标物体的表面性能和物理特性,如柔软性、硬度、弹性、粗糙度和导热性等。触觉能保证工业机器人可靠地抓住各种物体,也能使工业机器人获取环境信息,识别物体形状和表面的纹路,确定物体空间位置和姿态参数等。检测感知和外部直接接触而产生的接触觉、压觉、滑觉等传感器称为工业机器人触觉传感器。

5.2.1 工业机器人的接触觉

工业机器人接触觉传感器是用来判断工业机器人是否接触物体的测量传感器。传感器输出信号常为 0 或 1,传感器最经济适用的形式是各种微动开关。常用的微动开关由滑柱、弹簧、基板和引线构成,具有性能可靠、成本低、使用方便等特点。

简单的接触式传感器以阵列形式排列组合成接触觉传感器,如图 5-7 所示,它以特定次序向控制器发送接触和形状信息。

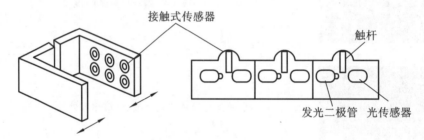

图 5-7 接触觉传感器

接触觉传感器可以提供的物体的信息如图 5-8 所示。当接触觉传感器与物体接触时,根据物体的形状和尺寸,不同的接触觉传感器将以不同的次序对接触做出不同的反应。控制器就利用这些信息来确定物体的大小和形状。图 5-8 给出了三个简单的例子,即接触立方体、圆柱体和不规则形状的物体。每个物体都会使接触觉传感器产生一组唯一的特征信号,由此可确定接触的物体。

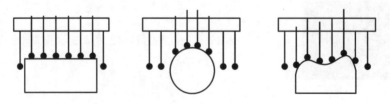

图 5-8 接触觉传感器可以提供的物体信息

5.2.2 工业机器人的接近觉

接近觉是指工业机器人能感觉到距离几毫米到十几厘米远的对象物或障碍物,能检测出物体的距离、相对倾角或对象物表面的性质。这是非接触式感觉,接近觉传感器可分为电磁式(感应电流式)、光电式(光反射或透射式)、静电容式、气压式、超声波式和红外线式六种。接近觉传感器如图 5-9 所示。

电磁式接近觉传感器在一个线圈中通入高频电流,就会产生磁场,这个磁场接近金属物时,会在金属物中产生感应电流,也就是涡流。涡流的大小随对象物体表面和线圈距离的大小而变化,这个变化反过来又影响线圈内磁场强度。磁场强度可用另一组线圈检测出来,也可以根据激磁线圈本身电感的变化或激励电流的变化来检测。图 5-10 所示是它的原理图。这种传感器的精度比较高,而且可以在高温下使用。由于工业机器人的工作对象大都是金属部件,因此电磁式接近觉传感器应用较广,在焊接机器人中可用它来探测焊缝。

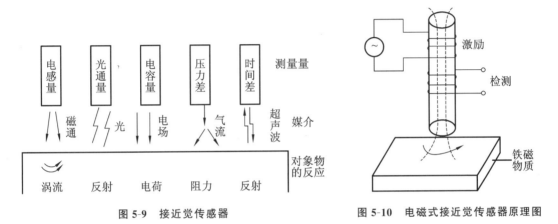

图 5-9 接近觉传感器　　　　　　图 5-10 电磁式接近觉传感器原理图

光反射式接近觉传感器由于光的反射量受到对象物体的颜色、粗糙度和表面倾角的影响,精度较差,应用范围小。

静电容式接近觉传感器是根据传感器表面与对象物体表面所形成的电容随距离变化而变化的原理制成的。将这个电容串接在电桥中,或者把它当作 RC 振荡器中的元件,都可以检测距离。

气压式接近觉传感器原理图如图 5-11 所示,它由一根细的喷嘴喷出气流。如果喷嘴靠近物体,则内部压力会发生变化,这一变化可用压力计测量出来。图中曲线表示在气压 P 的情况下压力计的压力与距离 d 之间的关系。它可用于检测非金属物体,尤其适用于测量微小间隙。

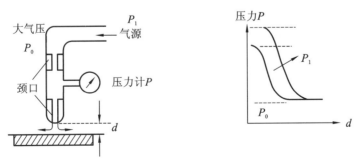

图 5-11 气压式接近觉传感器原理图

超声波式接近觉传感器适用于较长距离和较大物体的探测,其原理与视觉传感器相同。

红外线式接近觉传感器可以探测到工业机器人是否靠近操作人员或其他热源,这对安全保护和改变工业机器人行走路径具有实际意义。

5.2.3　工业机器人的压觉

图 5-12 所示为阵列式压觉传感器。其中图 5-12(a)由条状的导电橡胶排成网状,每个棒上附上一层导体引出,送给扫描电路;图 5-12(b)由单向导电橡胶和印制电路板组成,电路板上附有条状金属箔,两块板上的金属条方向互相垂直;图 5-12(c)为与阵列式压觉传感器相配的阵列式扫描电路。

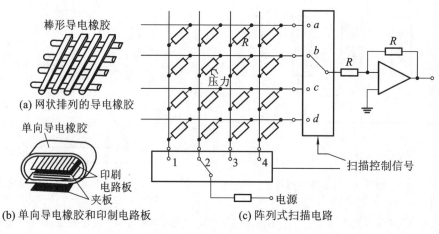

图 5-12　阵列式压觉传感器

比较高级的压觉传感器是在阵列式触点上附一层导电橡胶,并在基板上装有集成电路,压力的变化使各接点间的电阻发生变化,信号经过集成电路处理后送出,如图 5-13 所示。

图 5-14 所示为变形检测器,用压力使橡胶变形,可用普通橡胶作传感器面,用光学和电磁学等手段间接检测其变形量。

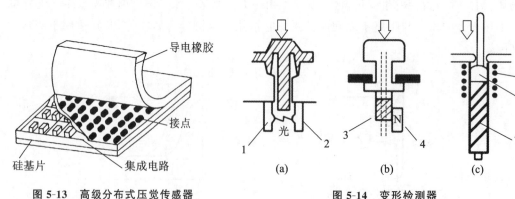

图 5-13　高级分布式压觉传感器

图 5-14　变形检测器

1—光电检测器;2—发光射器;3—霍尔器件;
4—磁铁;5—线圈;6—探针;7—弹性体

5.2.4　工业机器人的滑觉

工业机器人的握力应满足物体不产生滑动而握力又为最小临界握力的条件。如果能在刚开始滑动之后便立即检测出物体和手指间产生的相对位移,且增加握力就能使滑动迅速停止,那么该物体就可用最小的临界握力抓住。

检测滑动的方法有以下几种。

(1) 根据滑动时产生的振动检测,如图 5-15(a)所示。

(2) 把滑动的位移变成转动,检测其角位移,如图 5-15(b)所示。

(3) 根据滑动时手指与对象物体间的动静摩擦力来检测,如图 5-15(c)所示。

(4) 根据手指压力分布的改变来检测,如图 5-15(d)所示。

图 5-16 所示的是一种测振式滑觉传感器。传感器尖端用一个直径为 0.05 mm 的钢球接触被握物体,振动通过杠杆传向磁铁,磁铁的振动在线圈中感应交变电流并输出。在传感器中设有橡胶阻尼圈和油阻尼器。滑动信号能清楚地从噪声中被分离出来,但其检测头需直接与对象物接触,在握持类似于圆柱体的对象物时,就必须准确选择握持位置,否则就不能起到检测滑觉的作用;而且其接触为点接触,可能因接触压力过大而损坏对象表面。

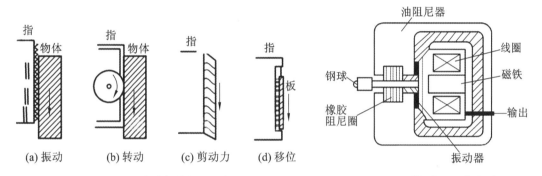

| (a) 振动 | (b) 转动 | (c) 剪动力 | (d) 移位 |

图 5-15　滑动引起的物理现象　　　　图 5-16　测振式滑觉传感器

图 5-17 所示的柱型滚轮式滑觉传感器比较实用。小型滚轮安装在工业机器人手指上,其表面稍突出手指表面,使物体的滑动变成转动。滚轮表面贴有高摩擦因数的弹性物质,一般用橡胶薄膜。用板型弹簧将滚轮固定,可以使滚轮与物体紧密接触,并使滚轮不产生纵向位移。滚轮内部装有发光二极管和光电三极管,通过圆盘形光栅把光信号转变为脉冲信号。

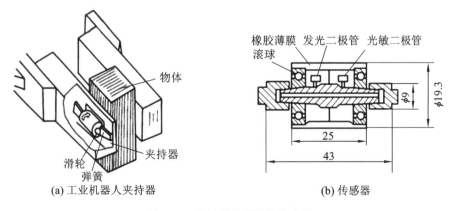

(a) 工业机器人夹持器　　　　　　　(b) 传感器

图 5-17　柱型滚轮式滑觉传感器

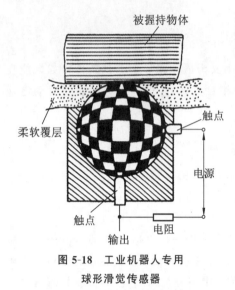

被握持物体

柔软覆层

触点

电源

触点

输出

电阻

图 5-18 工业机器人专用
球形滑觉传感器

滚轮式滑觉传感器只能检测一个方向上的滑动。图 5-18 所示为南斯拉夫贝尔格莱德大学研制的工业机器人专用球形滑觉传感器。它由一个金属球和触针组成,金属球表面分成许多个相间排列的导电和绝缘小格。触针头很细,每次只能触及一格。当工件滑动时,金属球随之转动,在触针上输出脉冲信号。脉冲信号的频率反映了滑移速度,脉冲信号的个数对应滑移的距离。接触器触头面积小于球面上露出的导体面积,它不仅可做得很小,而且提高了检测灵敏度。球与被握持物体相接触,无论滑动方向如何,只要球一转动,传感器就会产生脉冲输出。该球体在冲击力作用下不转动,因此抗干扰能力强。

从工业机器人对物体施加力的大小看,握持方式可分为以下 3 类。

(1)刚力握持工业机器人手指用一个固定的力,通常是用最大可能的力握持物体。

(2)柔力握持根据物体和工作目的的不同,使用适当的力握持物体,握力可变或是自适应控制的。

(3)零力握持可握住物体但不用力,即只感觉到物体的存在,它主要用于实现探测物体、探索路径、识别物体的形状等目的。

5.2.5 工业机器人的力觉

工业机器人作业是一个其与周围环境交互的过程。作业过程有两类:一类是非接触式的,如弧焊、喷漆等,基本不涉及力;另一类是通过接触才能完成的,如拧螺钉、点焊、装配、抛光、加工等。目前已有将视觉和力觉传感器用于非事先定位的轴孔装配,其中,视觉传感器完成大致的定位,装配过程靠孔的倒角作用不断产生的力反馈得以顺利完成。又如高楼清洁机器人,当用它擦玻璃时,显然用力不能太大也不能太小,这要求工业机器人作业时具有力控制功能。当然,对于工业机器人的力传感器,不仅仅是上面描述的工业机器人末端操作器与环境作用过程中发生的力测量,还有如工业机器人自身运动控制过程中的力反馈测量、工业机器人手爪抓握物体时的握力测量等。

通常将工业机器人的力传感器分为以下 3 类。

(1)装在关节驱动器上的力传感器,称为关节力传感器,它测量驱动器本身的输出力和力矩,用于控制中的力反馈。

(2)装在末端操作器和工业机器人最后一个关节之间的力传感器,称为腕力传感器,它能直接测出作用在末端操作器上的各向力和力矩。

(3)装在工业机器人手爪指关节上(或指上)的力传感器,称为指力传感器,它用来测量夹持物体时的受力情况。

工业机器人的这 3 种力传感器依其不同的用途有不同的特点。关节力传感器用来测量关节的受力(力矩)情况,信息量单一,结构也较简单,是一种专用的力传感器。指力传感器一般测量范围较小,同时受手爪尺寸和重量的限制,在结构上要求小巧,也是一种较专用的力传感器。腕力传感器从结构上来说是一种相对复杂的传感器,它能获得手爪 3 个方向的受力(力矩),信息量较多,又由于其安装的部位在末端操作器与工业机器人手臂之间,故比较容易形成通用化的产品(系列)。

　　图 5-19 所示为 Draper 实验室研制的 6 维腕力传感器的结构。它将一个整体金属环周壁铣成按 1 200 周向分布的 3 根细梁。其上部圆环上的螺孔与手臂相通,下部圆环上的螺孔与手爪相通,传感器的测量电路置于空心的弹性构架体内。该传感器结构比较简单,灵敏度也较高,但 6 维力(力矩)需要解耦运算获得,传感器的抗过载能力较差,较易受损。

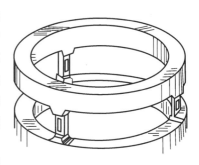

图 5-19　Draper 实验室研制的
6 维腕力传感器的结构

　　图 5-20 所示是 SRI(Stanford Research Institute)研制的 6 维腕力传感器。它由一支直径为 75 mm 的铝管铣削而成,具有 8 个窄长的弹性梁,每一个梁的颈部开有小槽以使颈部只传递力,扭矩作用很小。在梁的另一头两侧贴有应变片,若应变片的阻值分别为 R_1、R_2,则将其连成如图 5-21 所示的形式输出,由于 R_1、R_2 所受应变方向相反,因此 U_{out} 输出比使用单个应变片时大一倍。

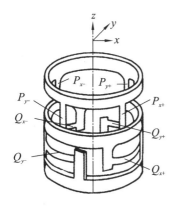

图 5-20　SRI 研制的 6 维腕力传感器

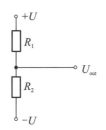

图 5-21　SRI 研制的 6 维腕力传感器应变片连接方式

　　图 5-22 所示是日本大和制衡株式会社林纯一在 JPL 实验室研制的腕力传感器基础上提出的一种改进结构。它是一种整体轮辐式结构,传感器在十字梁与轮缘连接处有一个柔性环节,在 4 根交叉梁上总共贴有 32 个应变片(图中以小方块表示),组成 8 路全桥输出,6 维力须通过解耦运算获得。这一传感器一般将十字交叉主杆与手臂的连接件设计成弹性体变形限幅的形式,可有效起到过载保护作用,是一种较实用的结构。

　　图 5-23 所示的是一种非径向中心对称 3 梁腕力传感器,传感器的内圈和外圈分别固定于工业机器人的手臂和手爪,力沿与内圈相切的 3 根梁进行传递。每根梁的上下、左右各贴一对应变片,这样,这非径向的 3 根梁共粘贴 6 对应变片,分别组成 6 组半桥,对这 6 组电桥信号进行解耦可得到 6 维力(力矩)的精确解。这种力觉传感器结构有较好的刚性,最先由卡纳基-梅隆大学提出。在我国,华中科技大学也曾对此结构的传感器进行过研究。

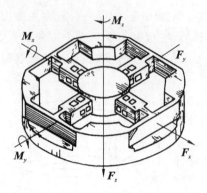

图 5-22　林纯一提出的腕力传感器结构

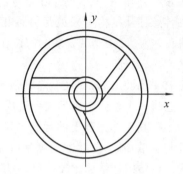

图 5-23　非径向中心对称 3 梁腕力传感器

【本章小结】

工业机器人按用途可分为内部传感器和外部传感器。内部传感器装在操作机上,包括位移传感器、速度传感器、加速度传感器,用以检测工业机器人操作机内部状态,在伺服控制系统中作为反馈装置。外部传感器,如视觉传感器、触觉传感器、力觉传感器、距离传感器,用于检测作业对象及环境与工业机器人的关系。选用传感器时要考虑测量对象、环境、灵敏度、响应特性、线性范围、稳定性、精度。

【思考与练习】

1. 检索 10 种传感器,说明其在工业机器人项目上的应用。
2. 以 PPT 形式讲述一种传感器的工作原理。

第6章

工业机器人运动学和动力学

在工业机器人控制中,先根据工作任务的要求确定手部要到达的目标位姿,然后根据反向运动学求出关节变量,控制器以求出的关节变量为目标值,对各关节的驱动元件发出控制命令,驱动关节运动,使手部到达目标位姿。

工业机器人作业时,在工业机器人与环境之间存在着相互作用力。外界对手部(或末端操作器)的作用力将使得各关节产生相应的作用力。假定工业机器人各关节被"锁住",关节的锁定用力与外界环境施加给手部的作用力取得静力学平衡。

工业机器人动力学主要用于工业机器人的设计和运动仿真。在设计工业机器人时,需根据连杆质量、运动学和动力学参数、传动机构特征和负载大小进行动态仿真,对其性能进行分析,从而决定工业机器人的结构参数和传动方案,验算设计方案的合理性和可行性。在进行工业机器人运动仿真时,为了估计工业机器人高速运动引起的动载荷和路径偏差,要进行路径控制仿真和动态模型的仿真。

在这一章里,我们将首先通过讨论各个坐标系的运动关系来分析工业机器人运动学问题,然后分析工业机器人速度和静力学的雅可比矩阵,最后介绍工业机器人的静力学问题和动力学问题。

◀ **6.1 坐 标 变 换** ▶

工业机器人相邻连杆之间的相对运动不是旋转运动就是平移运动,这种运动体现在连接两个连杆的关节上。物理上的旋转运动和平移运动在数学上可以用矩阵代数来表示,这种表示被称为坐标变换。与旋转运动对应的是旋转变换,与平移运动对应的是平移变换。坐标系之间的运动关系可以用矩阵之间的乘法运算来表示。

6.1.1 空间点的表示

空间点 P(见图 6-1)可以用它的相对于参考坐标系的三个坐标来表示:

$$P = a_x i + b_y j + c_z k \qquad (6-1)$$

式中:a_x, b_y, c_z——参考坐标系中表示该点的坐标。

6.1.2 空间向量的表示

向量可以用起始和终止的两个坐标来表示。如果一个向量起始于点 $A(A = a_x i + a_y j + a_z k)$,终止于点 $B(B = b_x i$

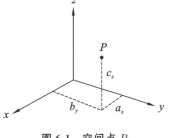

图 6-1 空间点 P

89 \\\\\\\\\\\\\\

$+b_y\mathrm{j}+b_z\mathrm{k})$，那它可以表示为 $\vec{P}_{AB}=(b_x-a_x)\mathrm{i}+(b_y-a_y)\mathrm{j}+(b_z-a_z)\mathrm{k}$。

在特殊情况下，如果一个向量起始于原点，则有

$$\vec{P}=a_x\mathrm{i}+b_y\mathrm{j}+c_z\mathrm{k} \tag{6-2}$$

式中：a_x，b_y，c_z——该向量在参考坐标系中的三个分量。

向量的三个分量也可以写成矩阵的形式，如式(6-3)所示。在本书中将用这种形式来表示运动分量：

$$\vec{P}=\begin{bmatrix} a_x \\ b_y \\ c_z \end{bmatrix} \tag{6-3}$$

这种表示法也可以稍做变化：加入一个比例因子 w，如果 x，y，z 各除以 w，则得到 a_x，b_y，c_z。于是，这时向量可以写为

$$\vec{P}=\begin{bmatrix} x \\ y \\ z \\ w \end{bmatrix} \tag{6-4}$$

式(6-4)中，$a_x=\dfrac{x}{w}$，$b_y=\dfrac{y}{w}$，$c_z=\dfrac{z}{w}$。

这种用四个数组成的 4×1 列阵(或称四维列向量)表示三维空间中的点 P，称为三维空间点 P 的齐次坐标。

比例因子 w 可以为任意数，而且随着它的变化，向量的大小也会发生变化。如果 w 大于1，向量的所有分量都变大；如果 w 小于1，向量的所有分量都变小；当 $w=0$ 时，向量无穷大，表示方向。

【例6.1】 有一个向量 $\vec{P}=3\mathrm{i}+5\mathrm{j}+2\mathrm{k}$，按如下要求将其表示成矩阵形式：

(1) 比例因子为 2；

(2) 将它表示为方向的单位向量。

【解】 (1)该向量可以表示为比例因子为 2 的矩阵形式：

$$\vec{P}=\begin{bmatrix} 6 \\ 10 \\ 4 \\ 2 \end{bmatrix}$$

(2) 当比例因子为 0 时，则该向量可以表示为方向向量，结果如下：

$$\vec{P}=\begin{bmatrix} 3 \\ 5 \\ 2 \\ 0 \end{bmatrix}$$

为了将方向向量变为单位向量，须将该向量归一化，使之长度等于 1。这样，向量的每一个分量都要除以三个分量平方和的开方：

$$\lambda=\sqrt{p_x^2+p_y^2+p_z^2}=6.16$$

其中,$p_x = \dfrac{3}{6.16} = 0.487$, $p_y = \dfrac{5}{6.16}$, $p_z = \dfrac{2}{6.16}$。

于是有

$$\vec{P}_{\text{unit}} = \begin{bmatrix} 0.487 \\ 0.812 \\ 0.325 \\ 0 \end{bmatrix}$$

6.1.3 坐标系在固定参考坐标系原点时的表示

一个原点位于固定参考坐标系原点的坐标系用三个向量 $\vec{n}, \vec{o}, \vec{a}$ 表示,通常这三个向量相互垂直,称为单位向量,分别表示法线(normal)向量、指向(orientation)向量和接近(approach)向量,如图 6-2 所示。每一个单位向量由它们所在参考坐标系的三个分量表示。这样,坐标系 F 可以用三个向量以矩阵的形式表示为

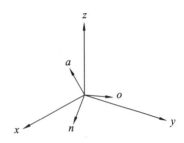

图 6-2 坐标系在固定参考坐标系原点时的表示

$$F = \begin{bmatrix} n_x & o_x & a_x \\ n_y & o_y & a_y \\ n_z & o_z & a_z \end{bmatrix} \tag{6-5}$$

6.1.4 坐标系在固定参考坐标系中的表示

如果一个坐标系的原点不在固定参考坐标系的原点,那么该坐标系的原点相对于固定参考坐标系的位置也必须表示出来。为此,在该坐标系原点与固定参考坐标系原点之间作一个向量来表示该坐标系的位置,如图 6-3 所示。这个向量由相对于固定参考坐标系的三个分量来表示。这样,这个坐标系就可以由三个表示方向的单位向量以及一个位置向量来表示:

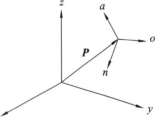

图 6-3 一个坐标系在固定参考坐标系中的表示

$$F = \begin{bmatrix} n_x & o_x & a_x & p_x \\ n_y & o_y & a_y & p_y \\ n_z & o_z & a_z & p_z \\ 0 & 0 & 0 & 1 \end{bmatrix} \tag{6-6}$$

【例 6.2】 如图 6-4 所示的 F 坐标系位于参考坐标系中 $(3,5,7)$ 的位置,它的 n 轴与 x 轴平行,o 轴相对于 y 轴的角度为 $45°$,a 轴相对于 z 轴的角度为 $45°$。该坐标系可以表示为

$$F = \begin{bmatrix} 1 & 0 & a_x & 3 \\ 0 & 0.707 & -0.707 & 5 \\ 0 & 0.707 & -0.707 & 7 \\ 0 & 0 & 0 & 1 \end{bmatrix}$$

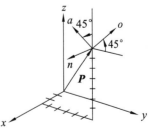

图 6-4 坐标系在固定参考坐标系的表示举例

6.1.5　空间物体的表示

一个物体在空间的表示可以这样实现:在该物体上固连一个坐标系,再将该固连的坐标系在空间表示出来。由于这个坐标系一直固连在该物体上,所以该物体相对于坐标系的位姿是已知的。因此,只要这个坐标系可以在空间表示出来,那么这个物体相对于固定参考坐标系的位姿也就已知了,如图 6-5 所示。如前所述,空间坐标系可以用矩阵表示,其中坐标原点和相对于参考坐标系的表示该坐标系姿态的 3 个向量也可以由该矩阵表示出来,于是有

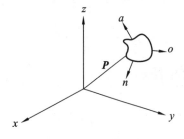

图 6-5　空间物体的表示

$$F = \begin{bmatrix} n_x & o_x & a_x & p_x \\ n_y & o_y & a_y & p_y \\ n_z & o_z & a_z & p_z \\ 0 & 0 & 0 & 1 \end{bmatrix} \qquad (6\text{-}7)$$

空间的一个物体有六个自由度,不仅可以沿着 x,y,z 3 个轴移动,而且可以绕这 3 个轴转动。因此,要全面地定义空间的物体,需要用 6 条独立的信息来描述物体在参考坐标系中相对于 3 个参考坐标轴的位置和姿态。而式(6-6)给出了 12 条信息,其中 9 条为姿态信息,3 条为位置信息(排除矩阵中最后一行的比例因子)。显然,在该表达式中必定存在一定的约束条件将上述信息数限制为 6 条,即

(1) 三个向量 $\vec{n}, \vec{o}, \vec{a}$ 相互垂直;

(2) 每个单位向量的长度必须为 1。

我们可以将其转换为以下六个约束方程:

(1) $\vec{n} \cdot \vec{o} = 0$;

(2) $\vec{n} \cdot \vec{a} = 0$;

(3) $\vec{a} \cdot \vec{o} = 0$;

(4) $|n| = 1$;

(5) $|o| = 1$;

(6) $|a| = 1$。

6.1.6　齐次变换

当空间的一个向量、一个物体或一个运动坐标系相对于固定参考坐标系运动时,这一运动可以用类似于表示坐标系的方式来表示。

变换有以下几种形式:

(1) 纯平移变换;

(2) 绕轴纯旋转变换;

(3) 复合变换;

(4) 相对于旋转坐标系的变换。

1. 纯平移变换的表示

一个坐标系(它也可能表示一个物体)在空间以不变的姿态运动,称为纯平移。在这种情

况下,该坐标系的方向向量保持方向不变。所有的改变只是坐标系原点相对于固定参考坐标系发生变化,如图 6-6 所示。相对于固定参考坐标系的该坐标系新的位置可以用该坐标系原来的原点位置向量加上表示位移的向量求得。若用矩阵形式,新坐标系的表示则可以通过坐标系左乘变换矩阵得到。

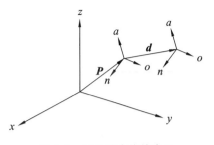

图 6-6　纯平移变换的表示

由于在纯平移中方向向量不改变,变换矩阵 $\boldsymbol{T}$ 可以简单地表示为

$$\boldsymbol{T}=\begin{bmatrix} 1 & 0 & 0 & d_x \\ 0 & 1 & 0 & d_y \\ 0 & 0 & 1 & d_z \\ 0 & 0 & 0 & 1 \end{bmatrix} \qquad (6\text{-}8)$$

式(6-8)中 d_x,d_y,d_z 是纯平移向量 $\vec{d}$ 相对于参考坐标系 x, y ,z 轴的三个分量。可以看到,矩阵的前三列表示没有旋转运动(等同于单位阵),而最后一列表示平移运动。坐标系新的位置为

$$\boldsymbol{F}_{\text{new}}=\begin{bmatrix} 1 & 0 & 0 & d_x \\ 0 & 1 & 0 & d_y \\ 0 & 0 & 1 & d_z \\ 0 & 0 & 0 & 1 \end{bmatrix}\times\begin{bmatrix} n_x & o_x & a_x & p_x \\ n_y & o_y & a_y & p_y \\ n_z & o_z & a_z & p_z \\ 0 & 0 & 0 & 1 \end{bmatrix}=\begin{bmatrix} n_x & o_x & a_x & d_x+p_x \\ n_y & o_y & a_y & d_y+p_y \\ n_z & o_z & a_z & d_z+p_z \\ 0 & 0 & 0 & 1 \end{bmatrix} \qquad (6\text{-}9)$$

这个方程也可用符号写为

$$\boldsymbol{F}_{\text{new}}=\text{Trans}(d_x,d_y,d_z)\times\boldsymbol{F}_{\text{old}} \qquad (6\text{-}10)$$

首先,如前面所看到的,坐标系新的位置可通过在坐标系矩阵前面左乘变换矩阵得到,后面将看到,无论以何种形式,这种方法对于所有的变换都成立。其次,可以注意到,方向向量经过纯平移后保持不变。但是坐标系新的位置是 $\vec{d}$ 和 $\vec{p}$ 向量相加的结果。最后,应该注意到,齐次变换矩阵与矩阵乘法的关系使得到的新矩阵的维数和变换前相同。

【例 6.3】　坐标系 F 沿固定参考坐标系的 x 轴移动 9 个单位,沿 z 轴移动 5 个单位。求坐标系新的位置。

$$\boldsymbol{F}=\begin{bmatrix} 0.527 & -0.527 & 0.628 & 5 \\ 0.369 & 0.819 & 0.439 & 3 \\ -0.766 & 0 & 0.643 & 8 \\ 0 & 0 & 0 & 0 \end{bmatrix}$$

【解】　由式(6-9)得

$$\boldsymbol{F}_{\text{new}}=\begin{bmatrix} 1 & 0 & 0 & 9 \\ 0 & 1 & 0 & 0 \\ 0 & 0 & 1 & 5 \\ 0 & 0 & 0 & 1 \end{bmatrix}\times\begin{bmatrix} 0.527 & -0.527 & 0.628 & 5 \\ 0.369 & 0.819 & 0.439 & 3 \\ -0.766 & 0 & 0.643 & 8 \\ 0 & 0 & 0 & 1 \end{bmatrix}=\begin{bmatrix} 0.527 & -0.527 & 0.628 & 14 \\ 0.369 & 0.819 & 0.439 & 3 \\ -0.766 & 0 & 0.643 & 13 \\ 0 & 0 & 0 & 1 \end{bmatrix}$$

2. 绕轴纯旋转变换的表示

为了简化绕轴旋转的推导过程,首先假设该坐标系位于固定参考坐标系的原点并且与固定参考坐标系平行,之后将结果推广到其他的旋转以及旋转的组合。

假设坐标系$(\vec{n},\vec{o},\vec{a})$位于固定参考坐标系$(\vec{x},\vec{y},\vec{z})$的原点，坐标系$(\vec{n},\vec{o},\vec{a})$绕固定参考坐标系的$x$轴旋转一个角度$\theta$，再假设旋转后坐标系$(\vec{n},\vec{o},\vec{a})$上有一点$P$相对于固定参考坐标系的坐标为$(p_x,p_y,p_z)$，相对于运动坐标系的坐标为$(p_n,p_o,p_a)$。当坐标系$(\vec{n},\vec{o},\vec{a})$绕$x$轴旋转时，其上的点$P$也随之旋转。在旋转之前，$P$点在两个坐标系中的坐标是相同的（这时两个坐标系位置相同，并且相互平行）。旋转后，该点坐标(p_n,p_o,p_a)在坐标系$(\vec{n},\vec{o},\vec{a})$中保持不变，但在固定参考坐标系中改变了，如图6-7所示。现在要求得到坐标系$(\vec{n},\vec{o},\vec{a})$旋转后$P$相对于固定参考坐标系的新坐标。

让我们从x轴来观察在二维平面上的同一点的坐标，图6-8显示了点P在坐标系旋转前后的坐标。点P相对于固定参考坐标系的坐标是(p_x,p_y,p_z)，而相对于旋转坐标系（点P所固连的坐标系）的坐标仍为(p_n,p_o,p_a)。

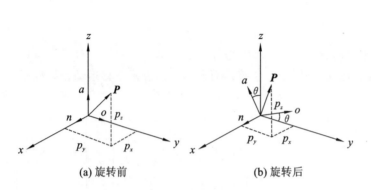

(a) 旋转前　　　　　　　(b) 旋转后

图 6-7　坐标系旋转前后的点的坐标

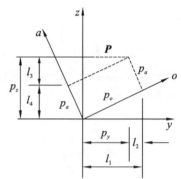

图 6-8　相对于固定参考坐标系的点的坐标和从 x 轴观察旋转坐标系

从图6-8中可以看出，p_x不随旋转坐标系绕固定参考坐标系x轴的转动而改变，而p_y和p_z改变了，可以证明：

$$p_x = p_n$$
$$p_y = l_1 - l_2 = p_o\cos\theta - p_a\sin\theta$$
$$p_z = l_3 + l_4 = p_o\sin\theta + p_a\cos\theta$$

写成矩阵形式为

$$\begin{bmatrix} p_x \\ p_y \\ p_z \end{bmatrix} = \begin{bmatrix} 1 & 0 & 0 \\ 0 & \cos\theta & -\sin\theta \\ 0 & \sin\theta & \cos\theta \end{bmatrix} \begin{bmatrix} p_n \\ p_o \\ p_a \end{bmatrix} \tag{6-11}$$

可见，为了得到在固定参考坐标系中的坐标，旋转坐标系中的点P的坐标必须左乘旋转矩阵。这个旋转矩阵只适用于绕固定参考坐标系的x轴做纯旋转变换的情况，它可表示为

$$\boldsymbol{P}_{xyz} = \mathrm{Rot}(x,\theta) \times \boldsymbol{P}_{noa} \tag{6-12}$$

注意在式(6-11)中，旋转矩阵的第一列表示相对于x轴的位置，其值为1，0，0，它表示沿x轴的坐标没有改变。

为了简化书写，习惯用符号$C\theta$表示$\cos\theta$，用$S\theta$表示$\sin\theta$。因此，旋转矩阵也可写为

$$\mathrm{Rot}(x,\theta) = \begin{bmatrix} 1 & 0 & 0 \\ 0 & C\theta & -S\theta \\ 0 & S\theta & C\theta \end{bmatrix} \tag{6-13}$$

可用同样的方法来分析旋转坐标系绕固定参考坐标系 y 轴和 z 轴旋转的情况,可以证明其结果分别为

$$\text{Rot}(y,\theta) = \begin{bmatrix} C\theta & 0 & S\theta \\ 0 & 1 & 0 \\ -S\theta & 0 & C\theta \end{bmatrix}, \quad \text{Rot}(z,\theta) = \begin{bmatrix} C\theta & -S\theta & 0 \\ S\theta & C\theta & 0 \\ 0 & 0 & 1 \end{bmatrix} \tag{6-14}$$

【例 6.4】 旋转坐标系中有一点 $P(2\ 3\ 4)^{\mathrm{T}}$,此旋转坐标系绕固定参考坐标系 x 轴旋转 $90°$。求旋转后该点相对于固定参考坐标系的坐标。

【解】

$$\begin{bmatrix} p_x \\ p_y \\ p_z \end{bmatrix} = \begin{bmatrix} 1 & 0 & 0 \\ 0 & C\theta & -S\theta \\ 0 & S\theta & C\theta \end{bmatrix} \begin{bmatrix} p_n \\ p_o \\ p_a \end{bmatrix} = \begin{bmatrix} 1 & 0 & 0 \\ 0 & 0 & -1 \\ 0 & 1 & 0 \end{bmatrix} \begin{bmatrix} 2 \\ 3 \\ 4 \end{bmatrix} = \begin{bmatrix} 2 \\ -4 \\ 3 \end{bmatrix}$$

根据前面的变换,得到旋转后 P 点相对于固定参考坐标系的坐标为 $(2,-4,3)$。

3. 复合变换的表示

复合变换是由固定参考坐标系或当前运动坐标系的一系列沿轴平移和绕轴旋转变换所组成的。任何变换都可以分解为按一定顺序的一组平移和旋转变换。例如,为了完成所要求的变换,可以先绕 x 轴旋转,再沿 x 轴,y 轴,z 轴平移,最后绕 y 轴旋转。变换顺序很重要,如果颠倒变换的顺序,结果将会完全不同。

为了探讨如何处理复合变换,假定坐标系 $(\tilde{n},\tilde{o},\tilde{a})$ 相对于固定参考坐标系 $(\tilde{x},\tilde{y},\tilde{z})$ 依次进行了下面三个变换:

(1) 绕 x 轴旋转 α;

(2) 平移 $[l_1,l_2,l_3]$(分别相对于 x 轴,y 轴,z 轴);

(3) 绕 y 轴旋转 β。

比如点 P_{noa} 固定在运动坐标系,开始时运动坐标系的原点与固定参考坐标系的原点重合。运动坐标系 $(\tilde{n},\tilde{o},\tilde{a})$ 相对于固定参考坐标系旋转或者平移时,运动坐标系中的 P 点相对于固定参考坐标系的坐标也跟着改变。如前面所看到的,第一次变换后,P 点相对于固定参考坐标系的坐标可用下列方程进行计算。

$$P_{1,xyz} = \text{Rot}(x,\alpha) \times P_{noa} \tag{6-15}$$

式(6-15)中,$P_{1,xyz}$ 是第一次变换后该点相对于固定参考坐标系的坐标。第二次变换后,该点相对于参考坐标系的坐标是

$$P_{2,xyz} = \text{Trans}(l_1,l_2,l_3) \times P_{1,xyz} = \text{Trans}(l_1,l_2,l_3) \times \text{Rot}(x,\alpha) \times P_{noa}$$

同理,第三次变换后,该点相对于固定参考坐标系的坐标为

$$P_{xyz} = P_{3,xyz} = \text{Rot}(y,\beta) \times P_{2,xyz} = \text{Rot}(y,\beta) \times \text{Trans}(l_1,l_2,l_3) \times \text{Rot}(x,\alpha) \times P_{noa}$$

可见,每次变换后该点相对于固定参考坐标系的坐标都是通过用每个变换矩阵左乘该点的坐标得到的。当然,矩阵的顺序不能改变。矩阵书写的顺序和进行变换的顺序正好相反。

【例 6.5】 固连在坐标系 $(\tilde{n},\tilde{o},\tilde{a})$ 上的点 $P(7,3,2)^{\mathrm{T}}$ 经历如下变换,求出变换后该点相对于固定参考坐标系的坐标。

(1) 绕固定参考坐标系 z 轴旋转 $90°$;

(2) 绕固定参考坐标系 y 轴旋转 $90°$;

(3) 平移 $[4,-3,7]$。

【解】 表示该变换的矩阵方程为

$$\boldsymbol{P}_{xyz} = \text{Trans}(4,-3,7)\text{Rot}(y,90°)\text{Rot}(z,90°)\boldsymbol{P}_{noa}$$

$$= \begin{bmatrix} 1 & 0 & 0 & 4 \\ 0 & 1 & 0 & -3 \\ 0 & 0 & 1 & 7 \\ 0 & 0 & 0 & 1 \end{bmatrix} \times \begin{bmatrix} 0 & 0 & 1 & 0 \\ 0 & 1 & 0 & 0 \\ -1 & 0 & 0 & 0 \\ 0 & 0 & 0 & 1 \end{bmatrix} \times \begin{bmatrix} 0 & -1 & 0 & 0 \\ 1 & 0 & 0 & 0 \\ 0 & 0 & 1 & 0 \\ 0 & 0 & 0 & 1 \end{bmatrix} \times \begin{bmatrix} 7 \\ 3 \\ 2 \\ 1 \end{bmatrix} = \begin{bmatrix} 6 \\ 4 \\ 10 \\ 1 \end{bmatrix}$$

4. 相对于运动坐标系的变换的表示

到目前为止,本书所讨论的所有变换都是相对于固定参考坐标系的。也就是说,所有平移、旋转和距离(除了相对于运动坐标系的点的位置)都是相对固定参考坐标系轴来测量的。然而事实上,也有可能做相对于运动坐标系或当前坐标系的轴的变换。例如,可以相对于运动坐标系(也就是当前坐标系)的 n 轴而不是固定参考坐标系的 x 轴旋转 $90°$。为计算当前坐标系中的点的坐标相对于固定参考坐标系的变化,这时需要右乘而不是左乘变换矩阵。由于运动坐标系中的点或物体的位置总是相对于运动坐标系测量的,所以总是右乘描述该点或物体的位置矩阵。

【例 6.6】 假设现在对与例 6.5 中相同的点进行相同的变换,只是所有变换都相对于当前的运动坐标系,具体如下。求变换完成后该点相对于固定参考坐标系的坐标。

(1) 绕 a 轴旋转 $90°$;

(2) 然后沿 n 轴,o 轴,a 轴平移 $[4,-3,7]$;

(3) 接着绕 o 轴旋转 $90°$。

【解】 在本例中,因为所作变换是相对于当前坐标系的,因此右乘每个变换矩阵,可得表示该坐标的方程为

$$\boldsymbol{P}_{xyz} = \text{Rot}(a,90°)\text{Trans}(4,-3,7)\text{Rot}(o,90°)\boldsymbol{P}_{noa}$$

$$= \begin{bmatrix} 0 & -1 & 0 & 0 \\ 1 & 0 & 0 & 0 \\ 0 & 0 & 1 & 0 \\ 0 & 0 & 0 & 1 \end{bmatrix} \times \begin{bmatrix} 1 & 0 & 0 & 4 \\ 0 & 1 & 0 & -3 \\ 0 & 0 & 1 & 7 \\ 0 & 0 & 0 & 1 \end{bmatrix} \times \begin{bmatrix} 0 & 0 & 1 & 0 \\ 0 & 1 & 0 & 0 \\ -1 & 0 & 0 & 0 \\ 0 & 0 & 0 & 1 \end{bmatrix} \times \begin{bmatrix} 7 \\ 3 \\ 2 \\ 1 \end{bmatrix} = \begin{bmatrix} 0 \\ 6 \\ 0 \\ 1 \end{bmatrix}$$

◀ 6.2 工业机器人运动学 ▶

工业机器人可以认为是用一系列由关节连接起来的连杆所组成的开链机构。工业机器人运动学研究的是各连杆之间的位移关系、速度关系和加速度关系。这里仅研究位移关系,重点研究工业机器人手部相对于机座的位姿与各连杆之间的相互关系。

工业机器人手部相对于机座的位姿与工业机器人各连杆之间的相互关系直接相关。为了便于数学上的分析,一般将连杆和关节按空间顺序进行编号。同时,选定一个与机座固连的坐标系,称为固定坐标系,并为每一个连杆(包括手部)选定一个与之固连的坐标系,称为连杆坐标系。一般把机座也视为一个连杆,即零号连杆。这样,连杆之间的相互关系可以用连杆坐标系之间的相互关系来描述。工业机器人手部相对于机座的位姿就是固连在手部的坐标系相对固定坐标系的位姿。这样,就可以将"手部相对于机座的位姿"这样一个物理问题转化为

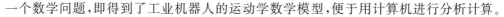

一个数学问题,即得到了工业机器人的运动学数学模型,便于用计算机进行分析计算。

工业机器人运动学主要包括正向运动学和反向运动学两类问题。

(1)正向运动学是在已知各个关节变量的前提下,解决如何建立工业机器人运动学方程、求解手部相对于固定坐标系位姿的问题。

(2)反向运动学是在已知手部要到达目标位姿的前提下,解决如何求出关节变量的问题。反向运动学也称为求运动学逆解。

6.2.1 工业机器人连杆坐标系及其齐次变换矩阵

在进行工业机器人正向运动学分析时,首先必须建立连杆坐标系,并给出相邻两个连杆坐标系之间的齐次变换矩阵。下面我们介绍一种由 Denavit 和 Hartenberg 提出的通用方法,即 D-H 法。

假设工业机器人由一系列关节和连杆组成。这些关节可能是滑动(线性)的或旋转(转动)的,它们可以按任意的顺序放置并处于任意的平面上。连杆也可以是任意的长度(包括零),它可能被弯曲或扭曲,也可能位于任意平面上。所以任何一组关节和连杆都可以构成一个我们想要建模和表示的工业机器人。

为此,需要给每个关节指定一个参考坐标系,然后确定从一个关节到下一个关节(从一个坐标系到下一个坐标系)进行变换的步骤。将从机座到第一个关节,再从第一个关节到第二个关节,直至到最后一个关节的所有变换结合起来,就得到了工业机器人的总变换矩阵。在这里,首先根据 D-H 法确定一个一般步骤来为每个关节指定参考坐标系,然后确定如何实现任意两个相邻坐标系之间的变换,最后写出工业机器人的总变换矩阵。

假设一个工业机器人由任意多的连杆和关节以任意形式构成。图 6-9 表示了三个关节和两个连杆。虽然这些关节和连杆并不一定与任何实际工业机器人的关节或连杆相似,但是它们非常常见,且能很容易地表示实际工业机器人的任何关节。这些关节可能是旋转的、滑动的,或两者都有。尽管在实际情况下,工业机器人的关节通常只有一个自由度,但图 6-9 中的关节可以表示一个或两个自由度。

图 6-9(a)表示了三个关节,每个关节都是可以转动或平移的。第一个关节指定为关节 n,第二个关节指定为关节 $n+1$,第三个关节指定为关节 $n+2$。在这些关节的前后可能还有其他关节。连杆也是如此表示,连杆 n 位于关节 $n-1$ 与关节 $n+1$ 之间,连杆 $n+1$ 位于关节 $n+1$ 与关节 $n+2$ 之间。

为了用 D-H 法对工业机器人建模,所要做的第一件事是为每个关节指定一个本地的参考坐标系。因此,对于每个关节,都必须指定 z 轴和 x 轴,通常并不需要指定 y 轴,因为 y 轴总是垂直于 x 轴和 z 轴。此外,D-H 法根本就不用 y 轴。以下是为每个关节指定本地参考坐标系的步骤。

(1)所有关节,无一例外,均用 z 轴表示。如果关节是旋转的,则 z 轴位于按右手规则旋转的方向。如果关节是滑动的,则 z 轴为沿直线运动的方向。在每一种情况下,关节 n 处的 z 轴(以及该关节的本地参考坐标系)的下标为 $n-1$。例如,表示关节 $n+1$ 的 z 轴是 z_n。这些简单规则可使我们很快地定义出所有关节的 z 轴。对于旋转关节,绕 z 轴的旋转(θ 角)是关节变量。对于滑动关节,沿 z 轴的连杆长度 d 是关节变量。

(2)如图 6-9(a)所示,通常关节不一定平行或相交。因此,通常 z 轴是斜线,但总有一

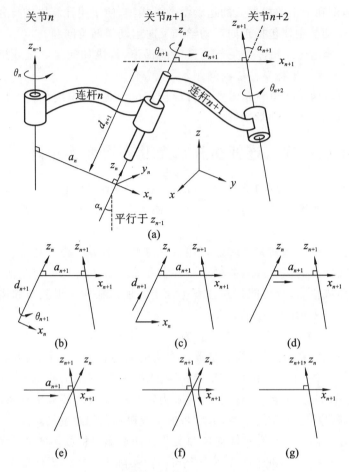

图 6-9　通用关节-连杆组合的 D-H 表示

条距离最短的公垂线,它正交于任意两条斜线。通常在公垂线方向上定义本地参考坐标系的 x 轴。所以如果 a_n 表示 z_{n-1} 与 z_n 之间的公垂线,则 x_n 的方向将沿 a_n。同样,在 z_n 与 z_{n+1} 之间的公垂线为 a_{n+1},x_{n+1} 的方向将沿 a_{n+1}。相邻关节之间的公垂线不一定相交或共线,因此,两个相邻坐标系原点的位置也可能不在同一个位置。根据上面介绍的知识并考虑下面的特殊情况,可以为所有的关节定义坐标系。

（3）如果两个关节的 z 轴平行,那么它们之间有无数条公垂线。这时可挑选与前一关节的公垂线共线的一条公垂线,这样做就可以简化模型。

（4）如果两个相邻关节的 z 轴是相交的,那么它们之间没有公垂线(或者说公垂线距离为零)。这时可将垂直于两条轴线构成的平面上的直线定义为 x 轴。也就是说,其公垂线是垂直于包含了两条 z 轴的平面上的直线,它也相当于选取两条 z 轴的叉积方向作为 x 轴。这也会使模型得以简化。

在图 6-9(a)中,θ 角表示绕 z 轴的旋转角,d 表示在 z 轴上两条相邻的公垂线之间的距离,a 表示每一条公垂线的长度(也叫关节偏移量),α 角表示两个相邻的 z 轴之间的角度(也叫关节扭转)。通常,只有 θ 和 d 是关节变量。

下一步来完成几个必要的运动,即将一个坐标系变换到下一个坐标系。假设现在位于本地坐标系 x_n-z_n,那么通过以下四步标准运动即可到达下一个本地坐标系 x_{n+1}-z_{n+1}。

（1）绕 z_n 轴旋转 θ_{n+1}（见图 6-9(a)、(b)），它使得 x_n 和 x_{n+1} 互相平行，因为 a_n 和 $a_{n+\theta}$ 都是垂直于 z_n 轴的，因此绕 z_n 轴旋转 θ_{n+1} 使它们平行（并且共面）。

（2）沿 z_n 轴平移 d_{n+1} 距离，使得 x_n 和 x_{n+1} 共线（见图 6-9(c)）。因为 x_n 和 x_{n+1} 已经平行并且垂直于 z_n，沿着 z_n 移动则可使它们互相重叠在一起。

（3）沿 x_n 轴平移 a_{n+1} 的距离，使得 x_n 和 x_{n+1} 的原点重合（见图 6-9(d)、(e)）。通过此步的运动，两个参考坐标系的原点处在同一位置。

（4）将 z_n 轴绕 x_{n+1} 轴旋转 α_{n+1}，使得 z_n 轴与 z_{n+1} 轴对准（见图 6-9(f)）。这时坐标系 n 和坐标系 $n+1$ 完全相同（见图 6-9(g)）。至此，我们成功地从一个坐标系变换到了下一个坐标系。

在坐标系 $n+1$ 和坐标系 $n+2$ 间严格地按照同样的运动顺序可以将一个坐标系变换到下一个坐标系。重复以上步骤，就可以实现一系列相邻坐标系之间的变换。从参考坐标系开始，我们可以将其转换到工业机器人的机座，然后到第一个关节、第二个关节……直至末端操作器。这样做比较好的一点是，在任何两个坐标系之间的变换均可采用与前面相同的运动步骤。

通过右乘表示四个运动的四个矩阵就可以得到变换矩阵 $\boldsymbol{A}$，矩阵 $\boldsymbol{A}$ 表示了四个依次的运动。由于所有的变换都是相对于当前坐标系的（即它们都相对于当前的本地坐标系来测量与执行），因此所有的矩阵都是右乘，从而得到如下结果。

$$
{}^{n}\boldsymbol{T}_{n+1}=\boldsymbol{A}_{n+1}=\mathrm{Rot}(z,\theta_{n+1})\times\mathrm{Trans}(0,0,d_{n+1})\times\mathrm{Trans}(a_{n+1},0,0)\times\mathrm{Rot}(x,a_{n+1})
$$

$$
=\begin{bmatrix} C\theta_{n+1} & -S\theta_{n+1} & 0 & 0 \\ S\theta_{n+1} & C\theta_{n+1} & 0 & 0 \\ 0 & 0 & 1 & 0 \\ 0 & 0 & 0 & 1 \end{bmatrix}\times\begin{bmatrix} 1 & 0 & 0 & 0 \\ 0 & 1 & 0 & 0 \\ 0 & 0 & 1 & d_{n+1} \\ 0 & 0 & 0 & 1 \end{bmatrix}\times\begin{bmatrix} 1 & 0 & 0 & a_{n+1} \\ 0 & 1 & 0 & 0 \\ 0 & 0 & 1 & 0 \\ 0 & 0 & 0 & 1 \end{bmatrix}
$$

$$
\times\begin{bmatrix} 1 & 0 & 0 & 0 \\ 0 & C\alpha_{n+1} & -S\alpha_{n+1} & 0 \\ 0 & S\alpha_{n+1} & C\alpha_{n+1} & 0 \\ 0 & 0 & 0 & 1 \end{bmatrix}
$$

$$
\tag{6-16}
$$

$$
\boldsymbol{A}_{n+1}=\begin{bmatrix} C\theta_{n+1} & -S\theta_{n+1}C\alpha_{n+1} & S\theta_{n+1}S\alpha_{n+1} & a_{n+1}C\theta_{n+1} \\ S\theta_{n+1} & C\theta_{n+1}C\alpha_{n+1} & -C\theta_{n+1}S\alpha_{n+1} & a_{n+1}S\theta_{n+1} \\ 0 & S\alpha_{n+1} & C\alpha_{n+1} & d_{n+1} \\ 0 & 0 & 0 & 1 \end{bmatrix} \tag{6-17}
$$

比如，一般工业机器人的关节 2 与关节 3 之间的变换可以简化为

$$
{}^{2}\boldsymbol{T}_{3}=\boldsymbol{A}_{3}=\begin{bmatrix} C\theta_{3} & -S\theta_{3}C\alpha_{3} & S\theta_{3}S\alpha_{3} & a_{3}C\theta_{3} \\ S\theta_{3} & C\theta_{3}C\alpha_{3} & -C\theta_{3}S\alpha_{3} & a_{3}S\theta_{3} \\ 0 & S\alpha_{3} & C\alpha_{3} & d_{3} \\ 0 & 0 & 0 & 1 \end{bmatrix} \tag{6-18}
$$

6.2.2　工业机器人正向运动学

在工业机器人的机座上，可以从第一个关节开始变换到第二个关节，然后到第三个关节、第四个关节……再到工业机器人的手，最终到末端操作器。若把第 i 个变换定义为 T_i，则可以得到许多表示变换的矩阵。在工业机器人的机座与手之间的总变换为

$$^RT_H = {}^RT_1\,{}^1T_2\,{}^2T_3\cdots{}^{n-1}T_n = A_1A_2A_3\cdots A_n \tag{6-19}$$

式(6-19)中,n 是关节数。一个具有 6 个自由度的机器人有 6 个 A 矩阵。

为了简化 A 矩阵的计算,可以制作一张关节和连杆参数的表格,其中每个连杆和关节的参数值可从工业机器人的原理示意图上确定,并且可将这些参数代入 A 矩阵。表 6-1 可用于实现这个目的。

在以下例子中,我们将建立必要的坐标系,填写参数表,并将这些数值代入 A 矩阵。首先从简单的工业机器人开始,以后再考虑复杂的工业机器人。

表 6-1　D-H 参数表

序　号	θ	d	a	α
1				
2				
3				
4				
5				
6				

【例 6.7】　对于如图 6-10 所示的具有 6 个自由度的简单链式工业机器人,根据 D-H 法,建立必要的坐标系,并填写相应的参数表。

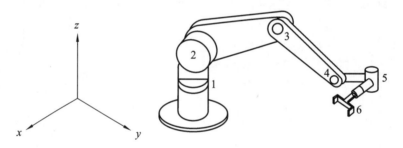

图 6-10　具有 6 个自由度的简单链式工业机器人

【解】　为了方便,在此例中,假设关节 2,3,4 在同一平面内,即 d_2,d_3,d_4 值为 0。为了建立工业机器人的坐标系,首先寻找关节(见图 6-10)。该工业机器人有 6 个自由度。在这个简单链式工业机器人中,所有的关节都是旋转的。第一个关节(关节 1)在连杆 0(固定机座)和连杆 1 之间,第二个关节(关节 2)在连杆 1 和连杆 2 之间,等等。首先,如前面已经讨论过的那样,对每个关节建立 z 轴,接着建立 x 轴。观察图 6-11 和图 6-12 所示的坐标可以发现,图 6-12 是图 6-11 的简化图。应注意每个坐标系原点在它所在位置的原因。

从关节 1 开始,z_0 表示第一个关节,它是一个旋转关节。选择 x_0 与参考坐标系的 x 轴平行,这样做仅仅是为了方便,x_0 是一个固定的坐标轴,表示工业机器人的机座,它是不动的。第一个关节的运动是围绕着 z_0-x_0 轴进行的,但这两个轴并不运动。接下来,在关节 2 处设定 z_1,因为坐标轴 z_0 和 z_1 是相交的,所以 x_1 垂直于 z_0 和 z_1。x_2 在 z_1 和 z_2 之间的公垂线方向上,x_3 在 z_2 和 z_3 之间的公垂线方向上,类似地,x_4 在 z_3 和 z_4 之间的公垂线方向上。最后,z_5 和 z_6 是平行且共线的。z_5 表示关节 6 的运动,而 z_6 表示末端操作器的运动。通常在运动方程中不包含末端操作器,但应包含末端操作器的坐标系,这是因为它可以容许进行从坐标系 z_5-x_5 出发的变换。同时也要注意第一个和最后一个坐标系的原点的位置,它们

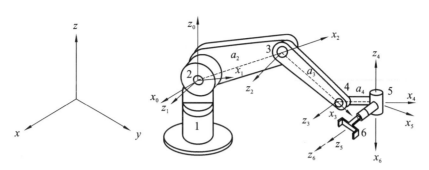

图 6-11　具有 6 个自由度的简单链式工业机器人的参考坐标系

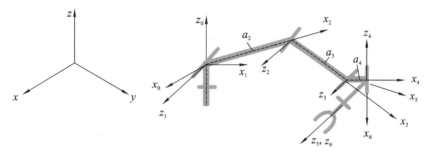

图 6-12　具有 6 个自由度的简单链式工业机器人的参考坐标系简化图

将决定工业机器人的总变换方程。可以在第一个和最后一个坐标系之间建立其他的(或不同的)中间坐标系,但只要第一个和最后一个坐标系没有改变,工业机器人的总变换便是不变的。应注意的是,第一个关节的原点并不在关节的实际位置,但证明这样做是没有问题的,因为无论实际关节是高一点还是低一点,工业机器人的运动并不会有任何差异。因此,考虑原点位置时可不用考虑机座上关节的实际位置。

接下来,我们将根据已建立的坐标系来填写表 6-2。参考前一节中任意两个坐标系之间的四个运动的顺序,从 z_0-x_0 开始,有一个旋转运动将 x_0 转到了 x_1,为使得 x_0 与 x_1 轴重合,需要沿 z_1 和沿 x_1 的平移均为零,还需要一个旋转将 z_0 转到 z_1,注意旋转是根据右手规则进行的,即将右手手指按旋转的方向弯曲,大拇指的方向则为旋转坐标轴的方向。到了这时,z_0-x_0 就变换到了 z_1-x_1。然后,绕 z_1 旋转 θ_2,将 x_1 转到了 x_2,然后沿 x_2 轴移动距离 a_2,使坐标系原点重合。由于前后两个 z 轴是平行的,所以没有必要绕 x 轴旋转。按照这样的步骤继续做下去,就能得到所需要的结果。

表 6-2　例 6.7 工业机器人的参数

序　　号	θ	d	a	α
1	θ_1	0	0	$90°$
2	θ_2	0	a_2	0
3	θ_3	0	a_3	0
4	θ_4	0	a_4	$-90°$
5	θ_5	0	0	$90°$
6	θ_6	0	0	0

必须要认识到，与其他机械类似，工业机器人也不会保持原理图中所示的一种构型不变。尽管工业机器人的原理图是二维的，但必须要想象出工业机器人的运动，也就是说工业机器人的不同连杆和关节在运动时，与之相连的坐标系也随之运动。如果这时原理图所示工业机器人构型的坐标轴处于特殊的位姿状态，当工业机器人移动时它们又会处于其他的点和姿态上。比如，x_3总是沿着关节 3 与关节 4 之间连线 a_3 的方向。在确定参数时，必须记住这一点。

θ 表示旋转关节的关节变量，d 表示滑动关节的关节变量。因为这个工业机器人的关节全是旋转的，因此所有关节变量都是角度。

通过简单地从参数表中选取参数代入 $\boldsymbol{A}$ 矩阵，便可写出每两个相邻关节之间的变换。例如，在坐标系 0 和 1 之间的变换矩阵 $\boldsymbol{A}_1$ 可通过将 $\alpha(\sin 90° = 1, \cos 90° = 0, \alpha = 90°)$ 以及指定 C_1 为 θ_1 等代入 $\boldsymbol{A}$ 矩阵得到，对其他关节的 $\boldsymbol{A}_2 \sim \boldsymbol{A}_6$ 矩阵也是这样，最后得

$$\boldsymbol{A}_1 = \begin{bmatrix} C_1 & 0 & S_1 & 0 \\ S_1 & 0 & -C_1 & 0 \\ 0 & 1 & 0 & 0 \\ 0 & 0 & 0 & 1 \end{bmatrix}, \quad \boldsymbol{A}_2 = \begin{bmatrix} C_2 & -S_2 & 0 & C_2 a_2 \\ S_2 & C_2 & 0 & S_2 a_2 \\ 0 & 0 & 1 & 0 \\ 0 & 0 & 0 & 1 \end{bmatrix}$$

$$\boldsymbol{A}_3 = \begin{bmatrix} C_3 & -S_3 & 0 & C_3 a_3 \\ S_3 & C_3 & 0 & S_3 a_3 \\ 0 & 0 & 1 & 0 \\ 0 & 0 & 0 & 1 \end{bmatrix}, \quad \boldsymbol{A}_4 = \begin{bmatrix} C_4 & 0 & -S_4 & C_4 a_4 \\ S_4 & 0 & C_4 & S_4 a_4 \\ 0 & -1 & 0 & 0 \\ 0 & 0 & 0 & 1 \end{bmatrix} \tag{6-20}$$

$$\boldsymbol{A}_5 = \begin{bmatrix} C_5 & 0 & S_5 & 0 \\ S_5 & 0 & -C_5 & 0 \\ 0 & 1 & 0 & 0 \\ 0 & 0 & 0 & 1 \end{bmatrix}, \quad \boldsymbol{A}_6 = \begin{bmatrix} C_6 & -S_6 & 0 & 0 \\ S_6 & C_6 & 0 & 0 \\ 0 & 0 & 1 & 0 \\ 0 & 0 & 0 & 1 \end{bmatrix}$$

特别需要注意的是，为了简化最后的解，将用到下列三角函数关系式：

$$S\theta_1 C\theta_2 + C\theta_1 S\theta_2 = S(\theta_1 + \theta_2) = S_{12}$$
$$C\theta_1 C\theta_2 - S\theta_1 S\theta_2 = C(\theta_1 + \theta_2) = C_{12} \tag{6-21}$$

在工业机器人的机座和手之间的总变换为

$$^R\boldsymbol{T}_H = \boldsymbol{A}_1 \boldsymbol{A}_2 \boldsymbol{A}_3 \boldsymbol{A}_4 \boldsymbol{A}_5 \boldsymbol{A}_6 \tag{6-22}$$

$$= \begin{bmatrix} C_1(C_{234}C_5 C_6 - S_{234}S_6) & C_1(-C_{234}C_5 C_6 - S_{234}C_6) & C_1(C_{234}S_5) & C_1(C_{234}a_4 + \\ -S_1 S_5 C_6 & +S_1 S_5 S_6 & +S_1 C_5 & C_{23}a_3 + C_2 a_2) \\ S_1(C_{234}C_5 C_6 - S_{234}S_6) & S_1(-C_{234}C_5 C_6 - S_{234}C_6) & S_1(C_{234}S_5) & S_1(C_{234}a_4 + \\ +C_1 S_5 S_6 & -C_1 S_5 S_6 & -C_1 C_5 & C_{23}a_3 + C_2 a_2) \\ S_{234}C_5 C_6 & -S_{234}C_5 C_6 + C_{234}C_6 & S_{234}S_5 & S_{234}a_4 + S_{23}a_3 + S_2 a_2 \\ 0 & 0 & 0 & 1 \end{bmatrix}$$

6.2.3　工业机器人反向运动学

上面我们说明了正向求解问题，即给出关节变量（θ 和 d）求出手部位姿各矢量 $\boldsymbol{n}$、$\boldsymbol{o}$、$\boldsymbol{a}$ 和 $\boldsymbol{p}$，这种求解方法只需将关节变量代入运动学方程中即可。但在工业机器人控制中，问题往

往相反,即在已知手部要到达的目标位姿的情况下求关节变量,以驱动各关节的电动机,使手部的位姿得到满足,这就是反向运动学问题,也称求运动学逆解。

为了书写简便,假设 $H=0$,即坐标系{6}与坐标系{5}原点相重合。

已知工业机器人的运动学方程为

$$T_6 = A_1 A_2 A_3 A_4 A_5 A_6 \tag{6-23}$$

现在给出 T_6 矩阵及各杆的参数 l、θ、d,求关节变量 $\theta_1 \sim \theta_6$,其中 $\theta_3 = d_3$。

1. 求 θ_1

用 A_1^{-1} 左乘式(6-23),得

$$^1T_6 = A_1^{-1} T_6 = A_2 A_3 A_4 A_5 A_6$$

将上式左右两边展开得

$$\begin{bmatrix} n_x C_1 + n_y S_1 & o_x C_1 + o_y S_1 & a_x C_1 + a_y S_1 & p_x C_1 + p_y S_1 \\ -n_z & -o_z & -a_z & -p_z \\ -n_x S_1 + n_y C_1 & -o_x S_1 + o_y C_1 & -a_x S_1 + a_y C_1 & -p_x S_1 + p_y C_1 \\ 0 & 0 & 0 & 1 \end{bmatrix}$$

$$= \begin{bmatrix} C_2(C_4 C_5 C_6 - S_4 S_6) - S_2 S_5 C_6 & -C_2(C_4 C_5 S_6 + S_4 C_6) + S_2 S_5 S_6 & C_2 C_4 S_5 + S_2 C_5 & S_2 d_3 \\ S_2(C_4 C_5 C_6 - S_4 S_6) + C_2 S_5 C_6 & -S_2(C_4 C_5 S_6 + S_4 C_6) - C_2 S_5 S_6 & S_2 C_4 S_5 - C_2 C_5 & -C_2 d_3 \\ S_4 C_5 C_6 + C_4 S_6 & -S_4 C_5 C_6 + C_4 S_6 & S_4 S_5 & d_2 \\ 0 & 0 & 0 & 1 \end{bmatrix}$$

$$\tag{6-24}$$

根据式(6-24)左、右两边第三行第四列元素相等可得

$$-p_x S_1 + p_y C_1 = d_2 \tag{6-25}$$

引入中间变量 r 及 ϕ,令

$$p_x = r \cdot \cos\phi$$

$$p_y = r \cdot \sin\phi$$

$$r = \sqrt{p_x^2 + p_y^2}$$

$$\phi = \arctan \frac{p_y}{p_x}$$

则式(6-25)化为

$$\cos\theta_1 \sin\phi - \sin\theta_1 \cos\phi = \frac{d_2}{r}$$

利用和差公式,上式又可化为

$$\sin(\phi - \theta_1) = \frac{d_2}{r}$$

这里,$0 < \dfrac{d_2}{r} \leqslant 1$,$0 < \phi - \theta_1 < \pi$,又因为

$$\cos(\phi - \theta_1) = \pm \sqrt{1 - (d_2/r)^2}$$

故有

$$\phi - \theta_1 = \pm \arctan\left[\frac{d_2/r}{\sqrt{1 - (d_2/r)^2}}\right] = \pm \arctan\left(\frac{d_2}{\sqrt{r^2 - d_2^2}}\right)$$

所以

$$\theta_1 = \arctan\left(\frac{p_y}{p_x}\right) \mp \arctan\left(\frac{d_2}{\sqrt{r^2 - d_2^2}}\right) \tag{6-26}$$

这里,"$+$"号对应右肩位姿,"$-$"号对应左肩位姿。

2. 求 θ_2

根据式(6-24)左、右两边第一行第四列相等和第二行第四列相等可得

$$\begin{cases} p_x C_1 + p_y S_1 = S_2 d_3 \\ -p_z = -C_2 d_3 \end{cases} \tag{6-27}$$

故

$$\theta_2 = \arctan\left(\frac{p_x C_1 + p_y S_1}{p_z}\right) \tag{6-28}$$

3. 求 θ_3

在斯坦福工业机器人中 $\theta_3 = d_3$,利用 $\sin^2\theta + \cos^2\theta = 1$,由式(6-27)可解得

$$d_3 = S_2(p_x C_1 + p_y S_1) + p_z C_2 \tag{6-29}$$

4. 求 θ_4

由于 $^3T_6 = A_4 A_5 A_6$,所以

$$A_4^{-1} \cdot {}^3T_6 = A_5 A_6 \tag{6-30}$$

将式(6-30)左、右两边展开后取其左、右两边第三行第三列相等,得

$$-S_4[C_2(a_x C_1 + a_y S_1) - a_z S_2] + C_4(-a_x S_1 + a_y C_1) = 0$$

所以

$$\theta_4 = \arctan\left[\frac{-a_x S_1 + a_y C_1}{C_2(a_x C_1 + a_y S_1) - a_z S_2}\right] \tag{6-31}$$

5. 求 θ_5

取式(6-30)展开式左、右两边第一行第三列相等和第二行第三列相等,有

$$\begin{cases} C_4[C_2(a_x C_1 + a_y S_1) - a_z S_2] + S_4(-a_x S_1 + a_y C_1) = S_5 \\ S_2(a_x C_1 + a_y S_1) + a_z C_2 = C_5 \end{cases}$$

所以

$$\theta_5 = \arctan\left\{\frac{C_4[C_2(a_x C_1 + a_y S_1) - a_z S_2] + S_4(-a_x S_1 + a_y C_1)}{S_2(a_x C_1 + a_y S_1) + a_z C_2}\right\} \tag{6-32}$$

6. 求 θ_6

采用下列方程

$$A_5^{-1} \cdot {}^4T_6 = A_6 \tag{6-33}$$

展开并取其左、右两边第一行第二列相等和第二行第二列相等,有

$$\begin{cases} S_6 = -C_5\{C_4[C_2(o_x C_1 + o_y S_1) - o_z S_2] + S_4(-o_x S_1 + o_y C_1)\} + S_5[S_2(o_x C_1 + o_y S_1) + o_z C_2] \\ C_6 = -S_4[C_2(o_x C_1 + o_y S_1) - o_z S_2] + C_4(-o_x S_1 + o_y C_1) \end{cases}$$

所以有

$$\theta_6 = \arctan\left(\frac{S_6}{C_6}\right) \tag{6-34}$$

至此，θ_1、θ_2、d_3、θ_4、θ_5、θ_6 全部求出。

从以上求解的过程看出，这种方法就是将一个未知数由矩阵方程的右边移向左边，使其与其他未知数分开，解出这个未知数，再把下一个未知数移到左边，重复进行，直至解出所有的未知数，所以这种方法也叫作分离变量法。分离变量法是代数法的一种，它的特点是首先利用运动方程的不同形式，找出矩阵中简单表达某个未知数的元素，力求得到未知数最少的方程，然后求解。

◀ 6.3 工业机器人静力学 ▶

工业机器人作业时，在工业机器人与环境之间存在着相互作用力。外界对手部（或末端操作器）的作用力将使得各关节产生相应的作用力。假定工业机器人各关节被"锁住"，关节的锁定用力与外界环境施加给手部的作用力取得静力学平衡。工业机器人静力学就是分析手部上的作用力与各关节锁定用力之间的平衡关系，从而根据外界环境在手部上的作用力求出各关节的锁定用力，或者根据已知的关节驱动力求解出手部的输出力。

6.3.1 工业机器人速度雅可比

在数学上雅可比矩阵是一个多元函数的偏导数矩阵。

假设有六个函数，每个函数有六个变量，即

$$
\begin{cases}
y_1 = f_1(x_1, x_2, x_3, x_4, x_5, x_6) \\
y_2 = f_2(x_1, x_2, x_3, x_4, x_5, x_6) \\
\quad \vdots \\
y_6 = f_6(x_1, x_2, x_3, x_4, x_5, x_6)
\end{cases}
\tag{6-35}
$$

可写成

$$\boldsymbol{Y} = F(\boldsymbol{X})$$

将其微分，得

$$
\begin{cases}
\mathrm{d}y_1 = \dfrac{\partial f_1}{\partial x_1}\mathrm{d}x_1 + \dfrac{\partial f_1}{\partial x_2}\mathrm{d}x_2 + \cdots + \dfrac{\partial f_1}{\partial x_6}\mathrm{d}x_6 \\[2mm]
\mathrm{d}y_2 = \dfrac{\partial f_2}{\partial x_1}\mathrm{d}x_1 + \dfrac{\partial f_2}{\partial x_2}\mathrm{d}x_2 + \cdots + \dfrac{\partial f_2}{\partial x_6}\mathrm{d}x_6 \\[2mm]
\quad \vdots \\[1mm]
\mathrm{d}y_6 = \dfrac{\partial f_6}{\partial x_1}\mathrm{d}x_1 + \dfrac{\partial f_6}{\partial x_2}\mathrm{d}x_2 + \cdots + \dfrac{\partial f_6}{\partial x_6}\mathrm{d}x_6
\end{cases}
\tag{6-36}
$$

也可简写成

$$\mathrm{d}\boldsymbol{Y} = \frac{\partial \boldsymbol{F}}{\partial \boldsymbol{X}}\mathrm{d}\boldsymbol{X} \tag{6-37}$$

式(6-37)中的 6×6 矩阵 $\dfrac{\partial \boldsymbol{F}}{\partial \boldsymbol{X}}$ 叫作雅可比矩阵。

在工业机器人速度分析和以后的静力学分析中都将遇到类似的矩阵，我们称之为工业机器人雅可比矩阵，或简称雅可比，一般用符号 $\boldsymbol{J}$ 表示。

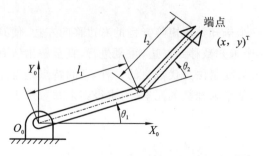

图 6-13　二自由度平面关节型工业机器人的结构图

图 6-13 所示为二自由度平面关节型工业机器人（2R 工业机器人）的结构图，其端点位置 x，y 与关节变量 θ_1、θ_2 的关系为

$$\begin{cases} x = l_1\cos\theta_1 + l_2\cos(\theta_1 + \theta_2) \\ y = l_1\sin\theta_1 + l_2\sin(\theta_1 + \theta_2) \end{cases} \quad (6\text{-}38)$$

即

$$\begin{cases} x = x(\theta_1, \theta_2) \\ y = y(\theta_1, \theta_2) \end{cases} \quad (6\text{-}39)$$

对其进行微分，得

$$\begin{cases} \mathrm{d}x = \dfrac{\partial x}{\partial \theta_1}\mathrm{d}\theta_1 + \dfrac{\partial x}{\partial \theta_2}\mathrm{d}\theta_2 \\ \mathrm{d}y = \dfrac{\partial y}{\partial \theta_1}\mathrm{d}\theta_1 + \dfrac{\partial y}{\partial \theta_2}\mathrm{d}\theta_2 \end{cases}$$

将其写成矩阵形式，为

$$\begin{bmatrix} \mathrm{d}x \\ \mathrm{d}y \end{bmatrix} = \begin{bmatrix} \dfrac{\partial x}{\partial \theta_1} & \dfrac{\partial x}{\partial \theta_2} \\ \dfrac{\partial y}{\partial \theta_1} & \dfrac{\partial y}{\partial \theta_2} \end{bmatrix} \begin{bmatrix} \mathrm{d}\theta_1 \\ \mathrm{d}\theta_2 \end{bmatrix} \quad (6\text{-}40)$$

令

$$\boldsymbol{J} = \begin{bmatrix} \dfrac{\partial x}{\partial \theta_1} & \dfrac{\partial x}{\partial \theta_2} \\ \dfrac{\partial y}{\partial \theta_1} & \dfrac{\partial y}{\partial \theta_2} \end{bmatrix} \quad (6\text{-}41)$$

式（6-40）可简写为

$$\mathrm{d}\boldsymbol{X} = \boldsymbol{J}\mathrm{d}\boldsymbol{\theta} \quad (6\text{-}42)$$

式中：$\mathrm{d}\boldsymbol{X} = \begin{bmatrix} \mathrm{d}x \\ \mathrm{d}y \end{bmatrix}$；$\mathrm{d}\boldsymbol{\theta} = \begin{bmatrix} \mathrm{d}\theta_1 \\ \mathrm{d}\theta_2 \end{bmatrix}$。

我们将 $\boldsymbol{J}$ 称为图 6-13 所示二自由度平面关节型工业机器人的速度雅可比，它反映了关节空间微小运动 $\mathrm{d}\theta$ 与手部作业空间微小位移 $\mathrm{d}\boldsymbol{X}$ 之间的关系。注意：$\mathrm{d}\boldsymbol{X}$ 此时表示微小线位移。

若对式（6-41）进行运算，则 2R 工业机器人的雅可比写为

$$\boldsymbol{J} = \begin{bmatrix} -l_1\sin\theta_1 - l_2\sin(\theta_1 + \theta_2) & -l_2\sin(\theta_1 + \theta_2) \\ l_1\cos\theta_1 + l_2\cos(\theta_1 + \theta_2) & l_2\cos(\theta_1 + \theta_2) \end{bmatrix} \quad (6\text{-}43)$$

从 $\boldsymbol{J}$ 中元素的组成可见，$\boldsymbol{J}$ 阵的值是 θ_1 及 θ_2 的函数。

对于具有 n 个自由度的工业机器人，其关节变量可以用广义关节变量 $\boldsymbol{q}$ 表示，$\boldsymbol{q} = [q_1, q_2, \cdots, q_n]^\mathrm{T}$，当关节为转动关节时，$q_i = \theta_i$；当关节为移动关节时，$q_i = d_i$，$\mathrm{d}\boldsymbol{q} = [\mathrm{d}q_1, \mathrm{d}q_2, \cdots, \mathrm{d}q_n]^\mathrm{T}$。它反映了关节空间的微小运动。工业机器人手部在操作空间的运动参数用 X 表示，它是关节变量的函数，即 $\boldsymbol{X} = \boldsymbol{X}(\boldsymbol{q})$，并且是一个六维列矢量（因为表达空间刚体的运动，即 3 个沿坐标轴的独立移动和 3 个绕坐标轴的独立转动需要 6 个参数）。因此，$\mathrm{d}\boldsymbol{X} = [\mathrm{d}x, \mathrm{d}y, \mathrm{d}z, \partial\phi_x, \partial\phi_y, \partial\phi_z]^\mathrm{T}$ 反映了操作空间的微小运动，它由工业机器人手部微小线位移和微小角位移（微小转动）组成，d 和 ∂ 没差别，因为在数学上，$\mathrm{d}x = \partial x$。于是，参照式（6-42）可写出类似的方程式，即

$$\mathrm{d}\boldsymbol{X} = \boldsymbol{J}(\boldsymbol{q})\mathrm{d}\boldsymbol{q} \tag{6-44}$$

式(6-44)中 $\boldsymbol{J}(\boldsymbol{q})$ 是 $6 \times n$ 的偏导数矩阵,称为 n 自由度工业机器人速度雅可比矩阵。它反映了关节空间微小运动 $\mathrm{d}\boldsymbol{q}$ 与手部作业空间微小运动 $\mathrm{d}\boldsymbol{X}$ 之间的关系。它的第 i 行第 j 列元素为

$$J_{ij}(q) = \frac{\partial x_i(q)}{\partial q_j} \quad (i=1,2,\cdots,6; j=1,2,\cdots,n)$$

6.3.2　工业机器人速度分析

对式(6-44)左、右两边各除以 $\mathrm{d}t$,得

$$\frac{\mathrm{d}\boldsymbol{X}}{\mathrm{d}t} = \boldsymbol{J}(\boldsymbol{q})\frac{\mathrm{d}\boldsymbol{q}}{\mathrm{d}t} \tag{6-45}$$

即

$$\boldsymbol{V} = \boldsymbol{J}(\boldsymbol{q})\dot{\boldsymbol{q}} \tag{6-46}$$

式中: $\boldsymbol{V}$ ——工业机器人手部在操作空间中的广义速度, $\boldsymbol{V} = \dot{\boldsymbol{X}}$;

$\dot{\boldsymbol{q}}$ ——工业机器人关节在关节空间中的关节速度;

$\boldsymbol{J}(\boldsymbol{q})$ ——确定关节空间速度 $\dot{\boldsymbol{q}}$ 与操作空间速度 $\boldsymbol{V}$ 之间关系的雅可比矩阵。

对于图 6-13 所示的 2R 工业机器人来说, $\boldsymbol{J}(\boldsymbol{q})$ 是式(6-43)所示的 2×2 矩阵。若令 $\boldsymbol{J}_1$ 、 $\boldsymbol{J}_2$ 分别为式(6-43)所示雅可比的第一列矢量和第二列矢量,则式(6-46)可写成

$$\boldsymbol{V} = \boldsymbol{J}_1\dot{\theta}_1 + \boldsymbol{J}_2\dot{\theta}_2$$

式中右边第一项表示仅由第一个关节运动引起的端点速度,右边第二项表示仅由第二个关节运动引起的端点速度,总的端点速度为这两个速度矢量的合成。因此,工业机器人速度雅可比的每一列表示其他关节不动而某一关节运动产生的端点速度。

图 6-13 所示二自由度平面关节型工业机器人手部的速度为

$$
\boldsymbol{V} = \begin{bmatrix} v_x \\ v_y \end{bmatrix} = \begin{bmatrix} -l_1\sin\theta_1 - l_2\sin(\theta_1+\theta_2) & -l_2\sin(\theta_1+\theta_2) \\ l_1\cos\theta_1 + l_2 c(\theta_1+\theta_2) & l_2\cos(\theta_1+\theta_2) \end{bmatrix} \begin{bmatrix} \dot{\theta}_1 \\ \dot{\theta}_2 \end{bmatrix}
$$

$$
= \begin{bmatrix} -[l_1\sin\theta_1 + l_2\sin(\theta_1+\theta_2)]\dot{\theta}_1 - l_2\sin(\theta_1+\theta_2)\dot{\theta}_2 \\ [l_1\cos\theta_1 + l_2 c(\theta_1+\theta_2)]\dot{\theta}_1 + l_2\cos(\theta_1+\theta_2)\dot{\theta}_2 \end{bmatrix}
$$

假如 θ_1 及 θ_2 是时间的函数, $\theta_1 = f_1(t)$, $\theta_2 = f_2(t)$,则可求出该工业机器人手部在某一时刻的速度 $\boldsymbol{V} = f(t)$,即手部瞬时速度。

反之,假如给定工业机器人手部速度,可由式(6-46)解出相应的关节速度,即

$$\dot{\boldsymbol{q}} = \boldsymbol{J}^{-1}\boldsymbol{V} \tag{6-47}$$

式(6-47)中, $\boldsymbol{J}^{-1}$ 称为工业机器人逆速度雅可比。

式(6-47)是一个很重要的关系式。例如,我们希望工业机器人手部在空间按规定的速度进行作业,那么用式(6-47)可以计算出沿路径上每一瞬时相应的关节速度。但是,一般来说,求逆速度雅可比 $\boldsymbol{J}^{-1}$ 是比较困难的,有时还会出现奇异解,无法解算关节速度。

通常我们可以看到工业机器人逆速度雅可比 $\boldsymbol{J}^{-1}$ 出现奇异解的情况有下面两种。

（1）工作域边界上奇异。当工业机器人臂全部伸展开或全部折回而使手部处于工业机器人工作域的边界上或边界附近时，出现逆雅可比奇异，这时工业机器人相应的形位叫作奇异形位。

（2）工作域内部奇异。奇异并不一定发生在工作域边界上，也可以是由两个或更多个关节轴线重合所引起的。

当工业机器人处在奇异形位时，工业机器人就会产生退化现象，丧失一个或更多个自由度。这意味着在空间某个方向（或子域）上，不管工业机器人关节速度怎样选择，手部也不可能实现移动。

【例 6.8】 图 6-14 所示为二自由度平面关节型机械手手爪沿 X_0 方向运动瞬时图。手部某瞬间沿固定坐标系 X_0 轴正向以 1.0 m/s 的速度移动，杆长为 $l_1 = l_2 = 0.5$ m。假设该瞬时 $\theta_1 = 30°$，$\theta_2 = -60°$。求相应瞬时的关节速度。

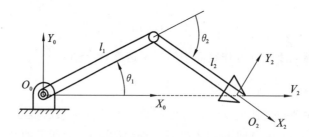

图 6-14　二自由度平面关节型机械手手爪沿 X_0 方向运动瞬时图

【解】 由式（6-43）知，二自由度平面关节型机械手的速度雅可比为

$$\boldsymbol{J} = \begin{bmatrix} -l_1\sin\theta_1 - l_2\sin(\theta_1+\theta_2) & -l_2\sin(\theta_1+\theta_2) \\ l_1\cos\theta_1 + l_2\cos(\theta_1+\theta_2) & l_2\cos(\theta_1+\theta_2) \end{bmatrix}$$

因此，逆速度雅可比为

$$\boldsymbol{J}^{-1} = \frac{1}{l_1 l_2 \sin\theta_2} \begin{bmatrix} l_2\cos(\theta_1+\theta_2) & l_2\sin(\theta_1+\theta_2) \\ -l_1\cos\theta_1 - l_2\cos(\theta_1+\theta_2) & -l_1\sin\theta_1 - l_2\sin(\theta_1+\theta_2) \end{bmatrix} \quad (6\text{-}48)$$

$\boldsymbol{V} = \begin{bmatrix} v_x \\ v_y \end{bmatrix} = \begin{bmatrix} 1 \\ 0 \end{bmatrix}$，因此，由式（6-47）可得

$$\dot{\boldsymbol{\theta}} = \begin{bmatrix} \dot{\theta}_1 \\ \dot{\theta}_2 \end{bmatrix} = \boldsymbol{J}^{-1}\boldsymbol{V} = \frac{1}{l_1 l_2 \sin\theta_2} \begin{bmatrix} l_2\cos(\theta_1+\theta_2) & l_2\sin(\theta_1+\theta_2) \\ -l_1\cos\theta_1 - l_2\cos(\theta_1+\theta_2) & -l_1\sin\theta_1 - l_2\sin(\theta_1+\theta_2) \end{bmatrix} \begin{bmatrix} 1 \\ 0 \end{bmatrix}$$

$$(6\text{-}49)$$

因此

$$\dot{\theta}_1 = \frac{\cos(\theta_1+\theta_2)}{l_1\sin\theta_2} = \frac{\cos(30°-60°)}{0.5\times\sin(-60°)} \text{ rad/s} = -\frac{\sqrt{3}/2}{0.5\times\sqrt{3}/2} \text{ rad/s} = -2 \text{ rad/s}$$

$$\dot{\theta}_2 = -\frac{\cos\theta_1}{l_2\sin\theta_2} - \frac{\cos(\theta_1+\theta_2)}{l_1\sin\theta_2} = -\frac{\cos 30°}{0.5\times\sin(-60°)} \text{ rad/s} - \frac{\cos(30°-60°)}{0.5\times\sin(-60°)} \text{ rad/s}$$
$$= 4 \text{ rad/s}$$

从以上可知，在该瞬时两关节的位置和速度分别为 $\theta_1 = 30°$，$\theta_2 = -60°$，$\dot{\theta}_1 = -2$ rad/s，$\dot{\theta}_2 = 4$ rad/s，手部瞬时速度为 1 m/s。

奇异讨论：由式(6-48)知，当 $l_1 l_2 \sin\theta_2 = 0$ 时，式(6-48)无解。因为 $l_1 \neq 0$，$l_2 \neq 0$，所以在 $\theta_2 = 0$ 或 $\theta_2 = 180°$ 时，二自由度工业机器人逆速度雅可比 $\boldsymbol{J}^{-1}$ 奇异。这时，该工业机器人二臂完全伸直或完全折回，工业机器人处于奇异形位。在这种奇异形位下，手部正好处在工作域的边界上，在该瞬时手部只能沿着一个方向（即与臂垂直的方向）运动，不能沿其他方向运动，退化了一个自由度。

对于在三维空间中作业的一般六自由度工业机器人，其速度雅可比 $\boldsymbol{J}$ 是一个 6×6 矩阵，$\dot{\boldsymbol{q}}$ 和 $\boldsymbol{V}$ 分别是 6×1 列阵，即 $\boldsymbol{V}_{(6\times1)} = \boldsymbol{J}(\boldsymbol{q})_{(6\times6)} \dot{\boldsymbol{q}}^{(6\times1)}$。手部速度矢量 $\boldsymbol{V}$ 是由 3×1 线速度矢量和 3×1 角速度矢量组合而成的 6 维列矢量。关节速度矢量 $\dot{\boldsymbol{q}}$ 是由 6 个关节速度组合而成的 6 维列矢量。雅可比矩阵 $\boldsymbol{J}$ 的前三行代表手部线速度与关节速度的传递比，后三行代表手部角速度与关节速度的传递比。雅可比矩阵 $\boldsymbol{J}$ 的第 i 列代表第 i 个关节速度 $\dot{\boldsymbol{q}}_i$ 对手部线速度和角速度的传递比。

6.3.3 工业机器人静力学分析

工业机器人在作业过程中，手部（或末端操作器）与环境接触，会引起各个关节产生相应的作用力。工业机器人各关节的驱动装置提供关节力矩，关节力矩通过连杆传递到手部，使手部得以克服外界作用力。这里讨论工业机器人操作臂在静止状态下力的平衡关系。我们假定各关节被"锁住"，工业机器人成为一个结构体。关节的锁定用力与手部所支持的载荷或受到外界环境作用的力取得静力学平衡。求解这种锁定用的关节力矩，或求解在已知驱动力作用下手部的输出力就是对工业机器人操作臂进行静力学分析。

这里以操作臂中单个杆件（见图 6-15）为例分析受力情况。杆 i 通过关节 i 和关节 $i+1$ 分别与杆 $i-1$ 和杆 $i+1$ 相连接，两个坐标系 $\{i-1\}$ 和 $\{i\}$ 如图 6-15 所示。

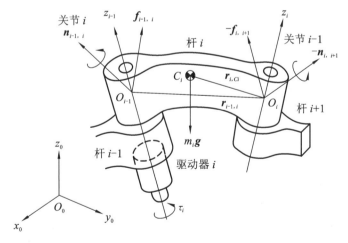

图 6-15 杆 i 上的力和力矩

在图 6-15 中，$\boldsymbol{f}_{i-1,i}$ 和 $\boldsymbol{n}_{i-1,i}$ 分别表示杆 $i-1$ 通过关节 i 作用在杆 i 上的力和力矩，$-\boldsymbol{f}_{i,i+1}$ 和 $-\boldsymbol{n}_{i,i+1}$ 分别表示杆 $i+1$ 通过关节 $i+1$ 作用在杆 i 上的反作用力和反作用力矩，$m_i\boldsymbol{g}$ 表示连杆 i 的重力，作用在质心 C_i 上。

另外，设 $\boldsymbol{f}_{i,i+1}$ 和 $\boldsymbol{n}_{i,i+1}$ 分别表示杆 i 通过关节 $i+1$ 作用在杆 $i+1$ 上的力和力矩，$\boldsymbol{f}_{n,n+1}$

和 $\boldsymbol{n}_{n,n+1}$ 分别表示工业机器人手部端点对外界环境的作用力和力矩，$-\boldsymbol{f}_{n,n+1}$ 和 $-\boldsymbol{n}_{n,n+1}$ 分别表示外界环境对工业机器人手部端点的作用力和力矩。$\boldsymbol{f}_{0,1}$ 和 $\boldsymbol{n}_{0,1}$ 分别表示工业机器人底座对杆 1 的作用力和力矩。

连杆 i 的静力学平衡条件为其上所受的合力和合力矩为零，因此力和力矩平衡方程式为

$$\boldsymbol{f}_{i-1,i}+(-\boldsymbol{f}_{i,i+1})+m_i\boldsymbol{g}=0 \tag{6-50}$$

$$\boldsymbol{n}_{i-1,i}+(-\boldsymbol{n}_{i,i+1})+(\boldsymbol{r}_{i-1,i}+\boldsymbol{r}_{i,Ci})\times\boldsymbol{f}_{i-1,i}+(\boldsymbol{r}_{i,Ci})\times(-\boldsymbol{f}_{i,i+1})=0 \tag{6-51}$$

式中：$\boldsymbol{r}_{i-1,i}$——坐标系 $\{i\}$ 的原点相对于坐标系 $\{i-1\}$ 的位置矢量；

$\boldsymbol{r}_{i,Ci}$——质心相对于坐标系 $\{i\}$ 的位置矢量。

假如已知外界环境对工业机器人最后一个连杆的作用力和力矩，那么可以由最后一个连杆向第零号连杆(机座)依次递推，从而计算出每个连杆上的受力情况。

为了便于表示工业机器人手部端点对外界环境的作用力和力矩(简称为端点力 $\boldsymbol{F}$)，可将 $\boldsymbol{f}_{n,n+1}$ 和 $\boldsymbol{n}_{n,n+1}$ 合并写成一个 6 维矢量，即

$$\boldsymbol{F}=\begin{bmatrix}\boldsymbol{f}_{n,n+1}\\\boldsymbol{n}_{n,n+1}\end{bmatrix} \tag{6-52}$$

各关节驱动器的驱动力或力矩可写成一个 n 维矢量的形式，即

$$\boldsymbol{\tau}=\begin{bmatrix}\tau_1\\\tau_2\\\vdots\\\tau_n\end{bmatrix} \tag{6-53}$$

式中：n——关节的个数；

$\boldsymbol{\tau}$——关节力矩(或关节力)矢量，简称广义关节力矩，对于转动关节，τ_i 表示关节驱动力矩；对于移动关节，τ_i 表示关节驱动力。

假定关节无摩擦，并忽略各杆件的重力，则广义关节力矩 $\boldsymbol{\tau}$ 与工业机器人手部端点力 $\boldsymbol{F}$ 的关系可用下式描述：

$$\boldsymbol{\tau}=\boldsymbol{J}^{\mathrm{T}}\boldsymbol{F} \tag{6-54}$$

式(6-54)中，$\boldsymbol{J}^{\mathrm{T}}$ 为 $n\times6$ 工业机器人力雅可比矩阵，或称为力雅可比。

上式可用下述虚功原理证明。

证明　考虑各个关节的虚位移为 ∂q_i，手部的虚位移为 $\partial\boldsymbol{X}$，如图 6-16 所示。

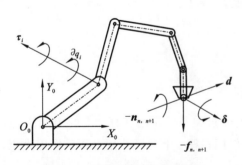

$$\partial\boldsymbol{X}=\begin{bmatrix}\boldsymbol{d}\\\boldsymbol{\delta}\end{bmatrix}\quad\text{及}\quad\partial\boldsymbol{q}=[\partial q_1,\partial q_2,\cdots,\partial q_n]^{\mathrm{T}} \tag{6-55}$$

式(6-55)中，$\boldsymbol{d}=[d_x,d_y,d_z]^{\mathrm{T}}$ 和 $\boldsymbol{\delta}=[\partial\phi_x,\partial\phi_y,\partial\phi_z]^{\mathrm{T}}$ 分别对应于手部的线虚位移和角虚位移(作业空间)；$\partial\boldsymbol{q}$ 为由各关节虚位移 ∂q_i 组成的工业机器人关节虚位移矢量(关节空间)。

图 6-16　手部及各关节的虚位移

假设发生上述虚位移时，各关节力矩为 $\tau_i(i=1,2,\cdots,n)$，环境作用在工业机器人手部端点

上的力和力矩分别为 $-\boldsymbol{f}_{n,n+1}$ 和 $-\boldsymbol{n}_{n,n+1}$。由上述力和力矩所做的虚功可以由下式求出：

$$\partial W = \tau_1 \partial q_1 + \tau_2 \partial q_2 + \cdots + \tau_n \partial q_n - \boldsymbol{f}_{n,n+1} \boldsymbol{d} - \boldsymbol{n}_{n,n+1} \boldsymbol{\delta}$$

或写成

$$\partial W = \boldsymbol{\tau}^{\mathrm{T}} \partial \boldsymbol{q} - \boldsymbol{F}^{\mathrm{T}} \partial \boldsymbol{X} \tag{6-56}$$

根据虚位移原理，工业机器人处于平衡状态的充分必要条件是对任意符合几何约束的虚位移，有

$$\partial W = 0 \tag{6-57}$$

注意到虚位移 $\partial \boldsymbol{q}$ 和 $\partial \boldsymbol{X}$ 并不是独立的，是符合杆件的几何约束条件的。利用式(6-44)，$\mathrm{d}\boldsymbol{X} = \boldsymbol{J}(\boldsymbol{q})\mathrm{d}\boldsymbol{q}$，将式(6-56)改写成

$$\partial W = \boldsymbol{\tau}^{\mathrm{T}} \partial \boldsymbol{q} - \boldsymbol{F}^{\mathrm{T}} \boldsymbol{J} \partial \boldsymbol{q} = (\boldsymbol{\tau} - \boldsymbol{J}^{\mathrm{T}} \boldsymbol{F})^{\mathrm{T}} \partial \boldsymbol{q} \tag{6-58}$$

式中的 $\partial \boldsymbol{q}$ 表示几何上允许位移的关节独立变量，对于任意的 $\partial \boldsymbol{q}$，欲使 $\partial W = 0$，必有

$$\boldsymbol{\tau} = \boldsymbol{J}^{\mathrm{T}} \boldsymbol{F}$$

证毕。

式(6-58)表示在静力平衡状态下，手部端点力 $\boldsymbol{F}$ 向广义关节力矩 $\boldsymbol{\tau}$ 映射的线性关系。式中 $\boldsymbol{J}^{\mathrm{T}}$ 与手部端点力 $\boldsymbol{F}$ 和广义关节力矩 $\boldsymbol{\tau}$ 之间的力传递有关，故叫作工业机器人力雅可比。很明显，力雅可比 $\boldsymbol{J}^{\mathrm{T}}$ 正好是工业机器人速度雅可比 $\boldsymbol{J}$ 的转置。

从操作臂手部端点力 $\boldsymbol{F}$ 与广义关节力矩 $\boldsymbol{\tau}$ 之间的关系式 $\boldsymbol{\tau} = \boldsymbol{J}^{\mathrm{T}} \boldsymbol{F}$ 可知，操作臂静力学可分为以下两类问题。

(1) 已知外界环境对工业机器人手部的作用力 $\boldsymbol{F}'$（即手部端点力 $\boldsymbol{F} = -\boldsymbol{F}'$），求相应的满足静力学平衡条件的关节驱动力矩 $\boldsymbol{\tau}$。

(2) 已知关节驱动力矩 $\boldsymbol{\tau}$，确定工业机器人手部对外界环境的作用力 $\boldsymbol{F}$ 或负荷的质量。

第二类问题是第一类问题的逆解，这时

$$\boldsymbol{F} = (\boldsymbol{J}^{\mathrm{T}})^{-1} \boldsymbol{\tau} \tag{6-59}$$

但是，由于工业机器人的自由度可能不是 6，比如 $n > 6$，力雅可比矩阵就有可能不是一个方阵，则 $\boldsymbol{J}^{\mathrm{T}}$ 就没有逆解。所以，对这类问题的求解就困难得多，在一般情况下不一定能得到唯一的解。如果 $\boldsymbol{F}$ 的维数比 $\boldsymbol{\tau}$ 的维数少，且 $\boldsymbol{J}$ 满秩，则可利用最小二乘法求得 $\boldsymbol{F}$ 的估值。

【例 6.9】 图 6-17 所示为一个二自由度平面关节型机械手，已知手部端点力 $\boldsymbol{F} = [F_x, F_y]^{\mathrm{T}}$，求相应于端点力 $\boldsymbol{F}$ 的关节力矩（不考虑摩擦）。

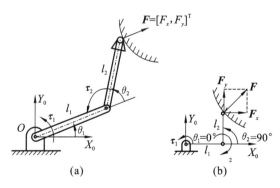

图 6-17 二自由度平面关节型机械手手部端点力 $\boldsymbol{F}$ 与关节力矩 $\boldsymbol{\tau}$

【解】 已知该机械手的速度雅可比为

$$J = \begin{bmatrix} -l_1 S\theta_1 - l_2 S(\theta_1 + \theta_2) & -l_2 S(\theta_1 + \theta_2) \\ l_1 C\theta_1 + l_2 C(\theta_1 + \theta_2) & l_2 C(\theta_1 + \theta_2) \end{bmatrix}$$

则该机械手的力雅可比为

$$J^{\mathrm{T}} = \begin{bmatrix} -l_1 S\theta_1 - l_2 S(\theta_1 + \theta_2) & l_1 C\theta_1 + l_2 C(\theta_1 + \theta_2) \\ -l_2 S(\theta_1 + \theta_2) & l_2 C(\theta_1 + \theta_2) \end{bmatrix}$$

根据 $\boldsymbol{\tau} = J^{\mathrm{T}} \boldsymbol{F}$，得

$$\boldsymbol{\tau} = \begin{bmatrix} \tau_1 \\ \tau_2 \end{bmatrix} = \begin{bmatrix} -l_1 S\theta_1 - l_2 S(\theta_1 + \theta_2) & l_1 C\theta_1 + l_2 C(\theta_1 + \theta_2) \\ -l_2 S(\theta_1 + \theta_2) & l_2 C(\theta_1 + \theta_2) \end{bmatrix} \begin{bmatrix} F_x \\ F_y \end{bmatrix}$$

所以

$$\tau_1 = -[l_1 \sin\theta_1 + l_2 \sin(\theta_1 + \theta_2)]F_x + [l_1 \cos\theta_1 + l_2 \cos(\theta_1 + \theta_2)]F_y$$
$$\tau_2 = -l_2 \sin(\theta_1 + \theta_2)F_x + l_2 \cos(\theta_1 + \theta_2)F_y$$

如图 6-17(b)所示，若在某瞬时 $\theta_1 = 0$，$\theta_2 = 90°$，则在该瞬时与手部端点力相对应的关节力矩为

$$\tau_1 = -l_2 F_x + l_1 F_y$$
$$\tau_2 = -l_2 F_x$$

◀ 6.4 工业机器人动力学分析 ▶

工业机器人动力学研究的是各杆件的运动与作用力之间的关系。工业机器人动力学分析是工业机器人设计、运动仿真和动态实时控制的基础。工业机器人动力学问题有以下两类。

(1) 动力学正问题，即已知关节驱动力矩，求工业机器人系统相应的运动参数(包括关节位移、速度和加速度)，也就是说，给出关节力矩向量 $\boldsymbol{\tau}$，求工业机器人所产生的运动参数 θ、$\dot{\theta}$ 和 $\ddot{\theta}$。

(2) 动力学逆问题，即已知运动轨迹点上的关节位移、速度和加速度，求所需要的关节力矩，也就是给出 θ、$\dot{\theta}$ 和 $\ddot{\theta}$，求相应的关节力矩向量 $\boldsymbol{\tau}$。

工业机器人是由多个连杆和多个关节组成的复杂的动力学系统，具有多个输入和多个输出，存在着错综复杂的耦合关系和严重的非线性。因此，对工业机器人动力学的研究，引起了十分广泛的重视，所采用的方法很多，有拉格朗日(Lagrange)方法、牛顿-欧拉(Newton-Euler)方法、高斯(Gauss)方法、凯恩(Kane)方法、旋量和对偶数矩阵法、罗伯逊-魏登堡(Roberson-Wittenburg)方法等。拉格朗日方法不仅能以最简单的形式求得非常复杂的系统动力学方程，而且具有显式结构，物理意义比较明确，可方便人们理解工业机器人动力学。因此，这里只介绍拉格朗日方法，并用简单实例进行分析。

6.4.1 拉格朗日方程

1. 拉格朗日函数

拉格朗日函数 L 的定义是一个机械系统的动能 E_k 和势能 E_p 之差，即

$$L = E_k - E_p \tag{6-60}$$

设 $q_i(i=1,2,\cdots,n)$ 是使系统具有完全确定位置的广义关节变量, $\dot{q}_i$ 是相应的广义关节速度;由于系统动能 E_k 是 q_i 和 $\dot{q}_i$ 的函数,系统势能 E_q 是 q_i 的函数,因此拉格朗日函数 L 也是 q_i 和 $\dot{q}_i$ 的函数。

2. 拉格朗日方程

系统的拉格朗日方程为

$$F_i=\frac{\mathrm{d}}{\mathrm{d}t}\frac{\partial L}{\partial \dot{q}_i}-\frac{\partial L}{\partial q_i} \quad (i=1,2,\cdots,n) \tag{6-61}$$

式(6-61)中, F_i 称为关节 i 的广义驱动力。如果是移动关节,则 F_i 为驱动力;如果是转动关节,则 F_i 为驱动力矩。

3. 建立动力学方程的步骤

用拉格朗日方法建立工业机器人动力学方程的步骤如下。

(1)选取坐标系,选定完全而且独立的广义关节变量 $q_i(i=1,2,\cdots,n)$。

(2)选定相应的关节上的广义驱动力 F_i:当 q_i 是位移变量时,则 F_i 为驱动力;当 q_i 是角度变量时,则 F_i 为驱动力矩。

(3)求出工业机器人各构件的动能和势能,构造拉格朗日函数。

(4)代入拉格朗日方程,求得工业机器人系统的动力学方程。

6.4.2 二自由度平面关节型工业机器人动力学方程(动力学实例)

1. 广义关节变量及广义驱动力的选定

选取笛卡儿坐标系,如图 6-18 所示。

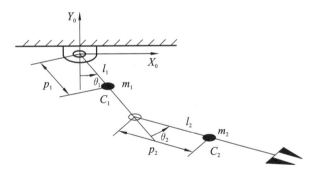

图 6-18 二自由度平面关节型工业机器人坐标系的选取

连杆 1 和连杆 2 的关节变量分别为转角 θ_1 和 θ_2,相应的关节 1 和关节 2 的力矩是 τ_1 和 τ_2。连杆 1 和连杆 2 的质量分别是 m_1 和 m_2,杆长分别为 l_1 和 l_2,质心分别在 C_1 和 C_2 处,离相应关节中心的距离分别为 p_1 和 p_2。因此,连杆 1 质心 C_1 的位置坐标为

$$x_1=p_1\sin\theta_1$$
$$y_1=-p_1\cos\theta_1$$

连杆 1 质心 C_1 的速度平方为

$$\dot{x}_1^2+\dot{y}_1^2=(p_1\dot{\theta}_1)^2$$

连杆 2 质心 C_2 的位置坐标为

$$x_2 = l_1 \sin\theta_1 + p_2 \sin(\theta_1 + \theta_2)$$
$$y_2 = -l_1 \cos\theta_1 - p_2 \cos(\theta_1 + \theta_2)$$

连杆 2 质心 C_2 的速度平方为

$$\dot{x}_2 = l_1 \dot{\theta}_1 \cos\theta_1 + p_2 (\dot{\theta}_1 + \dot{\theta}_2) \cos(\theta_1 + \theta_2)$$

$$\dot{y}_2 = l_1 \dot{\theta}_1 \sin\theta_1 + p_2 (\dot{\theta}_1 + \dot{\theta}_2) \sin(\theta_1 + \theta_2)$$

$$\dot{x}_2^2 + \dot{y}_2^2 = l_1^2 \dot{\theta}_1^2 + p_2^2 (\dot{\theta}_1 + \dot{\theta}_2)^2 + 2 l_1 p_2 (\dot{\theta}_1^2 + \dot{\theta}_1 \dot{\theta}_2) \cos\theta_2$$

2. 系统动能

$$E_{k1} = \frac{1}{2} m_1 p_1^2 \dot{\theta}_1^2$$

$$E_{k2} = \frac{1}{2} m_2 l_1^2 \dot{\theta}_1^2 + \frac{1}{2} m_2 p_2^2 (\dot{\theta}_1 + \dot{\theta}_2)^2 + m_2 l_1 p_2 (\dot{\theta}_1^2 + \dot{\theta}_1 \dot{\theta}_2) \cos\theta_2$$

$$E_k = \sum_{i=1}^{2} E_{ki} = \frac{1}{2} (m_1 p_1^2 + m_2 l_1^2) \dot{\theta}_1^2 + \frac{1}{2} m_2 p_2^2 (\dot{\theta}_1 + \dot{\theta}_2)^2 + m_2 l_1 p_2 (\dot{\theta}_1^2 + \dot{\theta}_1 \dot{\theta}_2) \cos\theta_2$$

3. 系统势能（以质心处于最低位置为势能零点）

$$E_{p1} = m_1 g p_1 (1 - \cos\theta_1)$$

$$E_{p2} = m_2 g l_1 (1 - \cos\theta_1) + m_2 g p_2 [1 - \cos(\theta_1 + \theta_2)]$$

$$E_p = \sum_{i=1}^{2} E_{pi} = (m_1 p_1 + m_2 l_1) g (1 - \cos\theta_1) + m_2 g p_2 [1 - \cos(\theta_1 + \theta_2)]$$

4. 拉格朗日函数

$$L = E_k - E_p$$

$$= \frac{1}{2} (m_1 p_1^2 + m_2 l_1^2) \dot{\theta}_1^2 + \frac{1}{2} m_2 p_2^2 (\dot{\theta}_1 + \dot{\theta}_2)^2 + m_2 l_1 p_2 (\dot{\theta}_1^2 + \dot{\theta}_1 \dot{\theta}_2) \cos\theta_2$$

$$- (m_1 p_1 + m_2 l_1) g (1 - \cos\theta_1) - m_2 g p_2 [1 - \cos(\theta_1 + \theta_2)]$$

5. 系统动力学方程

根据拉格朗日方程

$$F_i = \frac{\mathrm{d}}{\mathrm{d}t} \frac{\partial L}{\partial \dot{q}_i} - \frac{\partial L}{\partial q_i} \quad (i = 1, 2, \cdots, n)$$

可计算各关节上的力矩，得到系统动力学方程。

计算关节 1 上的力矩 τ_1：

$$\frac{\partial L}{\partial \dot{\theta}_1} = (m_1 p_1^2 + m_2 l_1^2) \dot{\theta}_1 + m_2 p_2^2 (\dot{\theta}_1 + \dot{\theta}_2) + m_2 l_1 p_2 (2\dot{\theta}_1 + \dot{\theta}_2) \cos\theta_2$$

$$\frac{\partial L}{\partial \theta_1} = -(m_1 p_1 + m_2 l_1) g \sin\theta_1 - m_2 g p_2 \sin(\theta_1 + \theta_2)$$

所以

$$\tau_1 = \frac{\mathrm{d}}{\mathrm{d}t} \frac{\partial L}{\partial \dot{\theta}_1} - \frac{\partial L}{\partial \theta_1}$$

$$= (m_1 p_1^2 + m_2 p_2^2 + m_2 l_1^2 + 2 m_2 l_1 p_2 \cos\theta_2) \ddot{\theta}_1 + (m_2 p_2^2 + m_2 l_1 p_2 \cos\theta_2) \ddot{\theta}_2$$

$$+ (-2 m_2 l_1 p_2 \sin\theta_2) \dot{\theta}_1 \dot{\theta}_2 + (-m_2 l_1 p_2 \sin\theta_2) \dot{\theta}_2^2 + (m_1 p_1 + m_2 l_1) g \sin\theta_1 + m_2 g p_2 \sin(\theta_1 + \theta_2)$$

上式可简写为

$$\tau_1 = D_{11}\ddot{\theta}_1 + D_{12}\ddot{\theta}_2 + D_{112}\dot{\theta}_1\dot{\theta}_2 + D_{122}\dot{\theta}_2^2 + D_1 \tag{6-62}$$

由此可得

$$\begin{cases} D_{11} = m_1 p_1^2 + m_2 p_2^2 + m_2 l_1^2 + 2m_2 l_1 p_2 \cos\theta_2 \\ D_{12} = m_2 p_2^2 + m_2 l_1 p_2 \cos\theta_2 \\ D_{112} = -2m_2 l_1 p_2 \sin\theta_2 \\ D_{122} = -m_2 l_1 p_2 \sin\theta_2 \\ D_1 = (m_1 p_1 + m_2 l_1)g\sin\theta_1 + m_2 g p_2 \sin(\theta_1 + \theta_2) \end{cases} \tag{6-63}$$

计算关节 2 上的力矩 τ_2：

$$\frac{\partial L}{\partial \dot{\theta}_2} = m_2 p_2^2(\dot{\theta}_1 + \dot{\theta}_2) + m_2 l_1 p_2 \dot{\theta}_1 \cos\theta_2$$

$$\frac{\partial L}{\partial \theta_2} = -m_2 l_1 p_2(\dot{\theta}_1^2 + \dot{\theta}_1\dot{\theta}_2)\sin\theta_2 - m_2 g p_2 \sin(\theta_1 + \theta_2)$$

所以

$$\tau_2 = \frac{\mathrm{d}}{\mathrm{d}t}\frac{\partial L}{\partial \dot{\theta}_2} - \frac{\partial L}{\partial \theta_2}$$

$$= (m_2 p_2^2 + m_2 l_1 p_2 \cos\theta_2)\ddot{\theta}_1 + m_2 p_2^2 \ddot{\theta}_2 + [(-m_2 l_1 p_2 + m_2 l_1 p_2)\sin\theta_2]\dot{\theta}_1\dot{\theta}_2$$

$$+ (m_2 l_1 p_2 \sin\theta_2)\dot{\theta}_1^2 + m_2 g p_2 \sin(\theta_1 + \theta_2)$$

上式可简写为

$$\tau_2 = D_{21}\ddot{\theta}_1 + D_{22}\ddot{\theta}_2 + D_{212}\dot{\theta}_1\dot{\theta}_2 + D_{211}\dot{\theta}_1^2 + D_2 \tag{6-64}$$

由此可得

$$\begin{cases} D_{21} = m_2 p_2^2 + m_2 l_1 p_2 \cos\theta_2 \\ D_{22} = m_2 p_2^2 \\ D_{212} = (-m_2 l_1 p_2 + m_2 l_1 p_2)\sin\theta_2 \\ D_{211} = m_2 l_1 p_2 \sin\theta_2 \\ D_2 = m_2 g p_2 \sin(\theta_1 + \theta_2) \end{cases} \tag{6-65}$$

式(6-62)、式(6-63)及式(6-64)、式(6-65)分别表示了关节驱动力矩与关节位移、速度、加速度之间的关系，即力和运动之间的关系，称为图 6-18 所示的二自由度平面关节型工业机器人的动力学方程。对其进行分析可知：

(1)含有 $\ddot{\theta}_1$ 或 $\ddot{\theta}_2$ 的项表示由于加速度引起的关节力矩项，其中含有 D_{11} 和 D_{22} 的项分别表示由于关节 1 加速度和关节 2 加速度引起的惯性力矩项，含有 D_{12} 的项表示关节 2 的加速度对关节 1 的耦合惯性力矩项，含有 D_{21} 的项表示关节 1 的加速度对关节 2 的耦合惯性力矩项。

(2)含有 $\dot{\theta}_1^2$ 和 $\dot{\theta}_2^2$ 的项表示由于向心力引起的关节力矩项，其中含有 D_{122} 的项表示关节 2 的速度引起的向心力对关节 1 的耦合力矩项，含有 D_{211} 的项表示关节 1 的速度引起的向心力对关节 2 的耦合力矩项。

(3)含有 $\dot{\theta}_1\dot{\theta}_2$ 的项表示由于哥氏力引起的关节力矩项，其中含有 D_{112} 的项表示哥氏力对关节 1 的耦合力矩项，含有 D_{212} 的项表示哥氏力对关节 2 的耦合力矩项。

（4）只含关节变量 τ_1、τ_2 的项表示重力引起的关节力矩项。其中含有 D_1 的项表示连杆1、连杆2的质量对关节1引起的重力矩项，含有 D_2 的项表示连杆2的质量对关节2引起的重力矩项。

从上面的推导可以看出，简单二自由度平面关节型工业机器人的动力学方程已经很复杂了，包含很多因素，这些因素都在影响工业机器人的动力学特性。对于复杂一些的多自由度工业机器人，动力学方程更庞杂了，推导过程也更为复杂。不仅如此，给工业机器人实时控制也带来不小的麻烦。通常，有以下一些简化问题的方法。

（1）当杆件质量不很大、很轻时，动力学方程中的重力矩项可以省略。

（2）当关节速度不很大、工业机器人不是高速工业机器人时，含有 $\dot{\theta}_1^2$、$\dot{\theta}_2^2$、$\dot{\theta}_1\dot{\theta}_2$ 等的项可以省略。

（3）当关节加速度不很大，也就是关节电机的升降速不是很突然时，含 $\ddot{\theta}_1$、$\ddot{\theta}_2$ 的项有可能可以省略。当然，关节加速度的减小，会引起速度升降的时间增加，延长工业机器人作业循环的时间。

6.4.3　关节空间和操作空间动力学

1. 关节空间和操作空间

n 个自由度操作臂的手部位姿 X 由 n 个关节变量所决定，这 n 个关节变量也叫作 n 维关节矢量 q，关节矢量 q 构成了关节空间。而手部的作业是在直角坐标空间中进行的，即操作臂手部位姿又是在直角坐标空间中描述的，因此把这个空间叫作操作空间。运动学方程 $X = X(q)$ 就是关节空间向操作空间的映射，而运动学逆解则是由映射求其在关节空间中的原像。在关节空间和操作空间中操作臂动力学方程有不同的表示形式，并且两者之间存在着一定的对应关系。

2. 关节空间动力学方程

将式（6-62）、式（6-63）及式（6-64）、式（6-65）写成矩阵形式，则

$$\tau = D(q)\ddot{q} + H(q,\dot{q}) + G(q) \tag{6-66}$$

式（6-66）中，$\tau = \begin{bmatrix} \tau_1 \\ \tau_2 \end{bmatrix}$，$q = \begin{bmatrix} \theta_1 \\ \theta_2 \end{bmatrix}$，$\dot{q} = \begin{bmatrix} \dot{\theta}_1 \\ \dot{\theta}_2 \end{bmatrix}$，$\ddot{q} = \begin{bmatrix} \ddot{\theta}_1 \\ \ddot{\theta}_2 \end{bmatrix}$。

所以

$$D(q) = \begin{bmatrix} m_1 p_1^2 + m_2(l_1^2 + p_2^2 + 2l_1 p_2 \cos\theta_2) & m_2(p_2^2 + l_1 p_2 \cos\theta_2) \\ m_2(p_2^2 + l_1 p_2 \cos\theta_2) & m_2 p_2^2 \end{bmatrix} \tag{6-67}$$

$$H(q,\dot{q}) = m_2 l_1 p_2 \sin\theta_2 \begin{bmatrix} \dot{\theta}_2^2 + 2\dot{\theta}_1\dot{\theta}_2 \\ \dot{\theta}_1^2 \end{bmatrix} \tag{6-68}$$

$$G(q) = \begin{bmatrix} (mp_1 + m_2 l_1)g\sin\theta_1 + m_2 p_2 g\sin(\theta_1 + \theta_2) \\ m_2 p_2 g\sin(\theta_1 + \theta_2) \end{bmatrix} \tag{6-69}$$

式（6-66）就是操作臂在关节空间中的动力学方程的一般结构形式，它反映了关节力矩与关节变量、速度、加速度之间的函数关系。对于 n 个关节的操作臂，$D(q)$ 是 $n \times n$ 的正定对

称矩阵,是 q 的函数,称为操作臂的惯性矩阵;$H(q,\dot{q})$ 是 $n\times1$ 的离心力和哥氏力矢量;$G(q)$ 是 $n\times1$ 的重力矢量,与操作臂的形位 n 有关。

3. 操作空间动力学方程

与关节空间动力学方程相对应,在笛卡儿操作空间中,可以用直角坐标变量即手部位姿的矢量 X 来表示工业机器人动力学方程。因此,操作力量与手部加速度 $\ddot{X}$ 之间的关系可表示为

$$F=M_x(q)\ddot{X}+U_x(q,\dot{q})+G_x(q) \tag{6-70}$$

式(6-70)中,$M_x(q)$、$U_x(q,\dot{q})$ 和 $G_x(q)$ 分别为操作空间中的惯性矩阵、离心力和哥氏力矢量、重力矢量,它们都是在操作空间中表示的;F 是广义操作力矢量。

关节空间动力学方程和操作空间动力学方程之间的对应关系可以通过广义操作力 F 与广义关节力矩 τ 之间的关系

$$\tau=J^{\mathrm{T}}(q)F \tag{6-71}$$

和操作空间与关节空间之间的速度、加速度的关系

$$\begin{cases}\dot{X}=J(q)\dot{q}\\\ddot{X}=J(q)\ddot{q}+\dot{j}(q)\dot{q}\end{cases} \tag{6-72}$$

求出。

【本章小结】

工业机器人运动学和动力学是工业机器人控制的基础。本章首先介绍了齐次坐标的基本概念,讲解了工业机器人坐标的齐次矩阵表示方法,详细介绍了坐标变换方法,包括平移变换、旋转变换和混合变换;然后介绍了工业机器人连杆坐标系的建立,应用 D-H 法推导了相邻两个连杆坐标系之间的齐次变换矩阵,建立其运动学方程,进行运动学分析;最后介绍了研究机器人动力学常用方法之一的拉格朗日方法。拉格朗日方法基于能量平衡方程,运用拉格朗日方法能直接获得机器人动力学方程的解析公式。介绍拉格朗日方法时,介绍了拉格朗日动力学方程,推导了二自由度平面关节型工业机器人动力学方程,介绍了关节空间和操作空间动力学方程。

【思考与练习】

1. 点矢量 v 为 $[10.00,20.00,30.00]^{\mathrm{T}}$,相对固定参考坐标系做如下齐次变换:

$$A=\begin{bmatrix}0.866 & -0.500 & 0.000 & 11.0\\0.500 & 0.866 & 0.000 & -3.0\\0.000 & 0.000 & 1.000 & 9.0\\0 & 0 & 0 & 1\end{bmatrix}$$

写出变换后点矢量 v 的表达式,并说明是什么性质的变换。

2. 有一旋转变换,先绕固定参考坐标系 z 轴转 $45°$,再绕其 n 轴转 $30°$,最后绕其 a 轴转 $60°$,试求该齐次变换矩阵。

3. 已知坐标系中点 U 的位置矢量 $u=[7,3,2,1]^{\mathrm{T}}$,将此点绕 z 轴旋转 $90°$,再绕 y 轴旋转 $90°$,如图 6-19 所示,求旋转变换后所得的点 W。

4. 写出齐次变换矩阵${}_B^A\boldsymbol{H}$,它表示坐标系 B 连续相对固定坐标系 A 做以下变换。

（1）绕 z_A 轴旋转 $90°$；

（2）绕 x_A 轴转 $-90°$；

（3）移动 $[3,7,9]^T$。

5. 二自由度平面机械手如图 6-20 所示,关节 1 为转动关节,关节变量为 θ_1；关节 2 为移动关节,关节变量 d_2。

（1）建立关节坐标系,并写出该机械手的运动方程式。

（2）根据表 6-3 关节变量参数,求出手部中心的位置值。

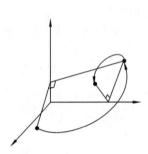

图 6-19　两次旋转变换

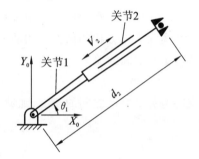

图 6-20　二自由度平面机械手

表 6-3　关节变量参数

θ_1	$0°$	$30°$	$60°$	$90°$
d_2/m	0.50	0.80	1.00	0.70

第 7 章

工业机器人编程

◀ 7.1 工业机器人语言系统 ▶

7.1.1 工业机器人语言概述

在工业机器人专用语言未实现实用化之前,人们使用通用的计算机语言编制工业机器人管理和控制程序,当时最常用的语言有汇编语言、Fortran 语言、Pascal 语言、Basic 语言等。现在所广泛使用的工业机器人语言也是在通用的计算机语言的基础上开发出来的。一般而言,工业机器人语言至少应当包括系统初始化模块、状态自检模块、数据处理模块、起始定位模块、编辑操作块、示教操作模块、单步操作模块和再现操作模块等。由于工业机器人的控制装置和作业要求多种多样,国内外尚未制订统一的工业机器人控制代码标准,所以工业机器人语言也是多种多样的。目前,在工业生产中应用的工业机器人的主要编程方式有以下几种形式。

1. 顺序控制的编程

在顺序控制的机器中,所有的控制都是由机械的或电气的顺序控制器实现的,一般没有程序设计的要求,顺序控制的灵活性小,这是因为所有的工作过程都已编好,或由机械块控制,或用其他确定的办法控制。大量的自动机都是在顺序控制下操作的。这种方法的主要优点是成本低,易于控制和操作。

2. 示教方式编程(手把手示教)

目前大多数工业机器人还是采用示教方式编程。示教方式编程是一项成熟的技术,易于被熟悉工作任务的人员掌握,而且用简单的设备和控制装置即可进行。示教方式编程过程进行得很快,示教过后,马上即可应用。在对工业机器人进行示教时,工业机器人控制系统将示教的工业机器人轨迹和各种操作存入存储器,如果需要,过程还可以重复多次。在某些系统中,还可以用与示教时不同的速度再现。

如果能够从一个运输装置获得使工业机器人的操作与搬运装置同步的信号,就可以用示教的方法来解决工业机器人与搬运装置配合的问题。

示教方式编程也有一些缺点:第一,只能在人所能达到的速度下工作;第二,难以与传感器的信息相配合;第三,不能用于某些危险的情况;第四,在操作大型工业机器人时,这种方法不实用;第五,难以获得高速度和直线运动;第六,难以与其他操作同步。

使用示教盒示教可以克服其中的部分缺点。

3. 示教盒示教编程(在线编程)

利用装在控制盒上的按钮可以驱动工业机器人按需要的顺序进行操作。在示教盒中,每个关节都有一对按钮,这一对按钮分别控制该关节在两个方向上的运动。有的示教盒还提供附加的最大允许速度控制。虽然为了获得最高的运行效率,人们希望工业机器人能实现多关节合成运动,但在用示教盒示教的方式下,难以同时移动多个关节。虽然电视游戏机上的游戏杆可用来提供在几个方向上的关节速度,但是它也有缺点。这种游戏杆通过移动控制盒中的编码器或电位器来控制各关节的速度和方向,难以实现精确控制。

示教盒示教一般用于大型工业机器人或在危险作业条件下的工业机器人。这种方法仍然难以获得高的控制精度,也难以与其他设备同步和与传感器的信息相配合。

4. 脱机编程

脱机编程也称预编程或离线编程,是指用工业机器人语言预先进行程序设计,而不是用示教的方式编程。脱机编程有以下几个优点。

(1) 编程时可以不使用工业机器人,可腾出工业机器人,使其去做其他工作。

(2) 可预先优化操作方案和运行周期。

(3) 以前完成的过程或子程序可结合到待编程序中去。

(4) 可用传感器获得外部信息,从而使工业机器人做出相应的响应。这种响应使工业机器人可以在自适应的方式下工作。

(5) 控制功能中可以包含现有的计算机辅助设计(CAD)和计算机辅助制造(CAM)的信息。

(6) 可以通过预先运行程序来模拟实际运动,从而不会出现危险。利用图形仿真技术,可以在屏幕上模拟工业机器人运动来辅助编程。

(7) 对不同的工作目的,只需替换一部分待定的程序。

在非自适应系统中,没有外界环境的反馈,仅有的输入是各关节传感器的测量值,因此可以使用简单的程序设计手段。

7.1.2 工业机器人的语言结构

工业机器人语言实际上是一个语言系统。工业机器人语言系统既包含语言本身给出作业指示和动作指示,同时又包含处理系统根据上述指示来控制工业机器人系统。工业机器人语言系统如图 7-1 所示,它既支持工业机器人编程、控制,以及工业机器人与外围设备、传感器的接口,又支持和计算机系统的通信。

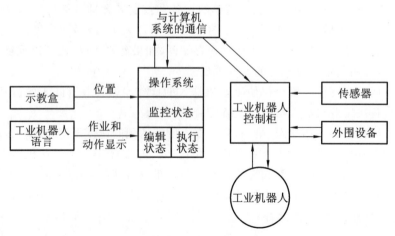

图 7-1 工业机器人语言系统

7.1.3　工业机器人的语言操作系统

工业机器人语言操作系统包括监控状态、编辑状态、执行状态 3 个基本的操作状态。

(1) 监控状态是用来进行整个系统的监督控制的。在监控状态下,操作者可以用示教盒定义工业机器人在空间的位置、设置工业机器人的运动速度、存储和调出程序等。

(2) 编辑状态是提供操作者编制程序或编辑程序的。尽管使用不同的语言时编辑操作不同,但一般均包括写入指令、修改或删除指令和插入指令等。

(3) 执行状态是用来执行工业机器人程序的。在执行状态,工业机器人执行程序的每一条指令,操作者可通过调试程序修改错误。例如,在程序执行过程中,某一位置关节角超过限制,因此,工业机器人不能执行,在 CRT 上显示错误信息,并停止运行,操作者可返回到编辑状态修改程序。目前大多数工业机器人语言允许在程序执行过程中直接返回到监控状态或编辑状态。和计算机编程语言类似,工业机器人语言程序可以编译,即把工业机器人源程序转换成机器码,以便工业机器人控制柜能直接读取和执行,编译后的程序运行速度大大加快。

7.2　工业机器人语言的要素

工业机器人语言是一种描述语言,它能十分简洁地描述工作环境和工业机器人的动作,能通过尽可能简单的程序来实现复杂的操作内容。工业机器人语言和一般的程序语言一样,具有结构简明、概念统一、容易扩展等特点。

从实际应用的角度来看,在很多情况下都是操作者实时地操纵工业机器人工作,为此,工业机器人语言还应当简单易学,并且有良好的对话性。高水平的工业机器人语言还能够判断和反馈信息,并应用目标物体和环境的几何模型。在工作进行过程中,几何模型又是不断变化的,因此性能优越的工业机器人语言会极大地减少编程的困难。

从描述操作命令的角度来看,工业机器人语言的水平可以分为以下三级。

(1) 动作级。动作级语言以工业机器人末端操作器的动作为中心来描述各种操作,要在程序中说明每个动作。这是一种最基本的描述方式。

(2) 对象级。对象级语言允许较粗略地描述操作对象的动作、操作对象之间的关系等。使用这种语言时,必须明确描述操作对象之间的关系和工业机器人与操作对象之间的关系。对象级语言特别适用于组装作业编程。

(3) 任务级。为实现指定的操作内容,工业机器人必须一边"思考"一边工作。任务级语言是直接指定操作内容的一种水平很高的工业机器人语言。

现在还有人在开发一种能按某种原则给出最初的环境状态和最终的工作状态,然后让工业机器人自动进行推理、计算,最后自动生成工业机器人的动作的系统。这种系统现在仍处于基础研究阶段。

由于工业机器人语言系统的特殊性,工业机器人语言具有与一般程序语言不同的功能要素,对这些要素可分述如下。

1. 外部世界的建模

工业机器人程序是描述三维空间中运动物体的,因此工业机器人语言应具有外部世界的建模功能。只有具备了外部世界模型的信息,工业机器人程序才能完成给定的任务。

在许多工业机器人语言中,规定各种几何体的命名变量,并在程序中访问它们,这种能力构成了外部世界建模的基础。例如,AUTOPASS 语言用一个称为 GDP(几何设计处理器)的建模系统对物体进行建模,该系统用过程表达式来描述物体。其基本思想是:每个物体都用一个过程名和一组参数来表示,物体的形状通过调用描述几何物体和集合运算的过程来实现。

GDP 提供了一组简单物体,它们是长方体、圆柱体、圆锥体、半球体和其他形式的旋转体等。这些简单物体在系统内部表示为由点、线、面组成的表,由表描述物体的几何信息和拓扑信息。例如语句 CALL,SOLID(CUBOID,"Block",xten,ylen,zlen),调用过程 SOLID 用于定义一个具有尺寸为 xten,ylen,zlen,名称为" Block"的长方盒。

另外,外部世界建模系统要有物体之间的关联性概念,也就是说如果有两个或更多个物体已经固连在一起,并且以后一直是固连着的,则用一条语句移动一个物体,任何附在其上的物体也要跟着运动。AL 语言有一种称为 AFFIX 的连接关系,它可以把一个坐标系连接到另一个坐标系上,这相当于在物理上把一个零件连接到另一个零件上,如果其中一个零件移动,那么连接着的其他零件也将移动。例如语句"AFFIX pump TO pump-base"执行后,pump-base 今后的运动将引起 pump 同样的运动,即两者一起运动。

2. 作业的描述

作业的描述与环境的模型有密切的关系,而且作业的描述水平决定了语言的水平。作为最高水平,人们希望以自然语言作为输入语言,并且不必给出每一步骤。现在的工业机器人语言需要给出作业顺序,并通过使用语法和词法定义输入语言,再由它完成整个作业。

装配作业可以描述为外部世界模型的一系列状态,这些状态可通过工作空间中所有物体的形态给定,说明形态的一种方法是利用物体之间的空间关系。例如图 7-2 所示的积木世界,定义空间关系 AGAINST 表示两表面彼此接触,这样就可以用表 7-1 的语句描述图 7-2 所示的两种情况:如果假定状态 A 是初态、状态 B 是目标状态,那么就可以用它们表示抓起第三块积木并把它放在第二块积木顶上的作业;如果状态 A 是目标状态,而状态 B 是初态,那么它们表示的作业是从叠在一起的积木块上挪走第三块积木并把它放在桌子上。使用这种方法描述作业的优点是人们容易理解,并且容易说明和修改;缺点是没有提供操作所需的全部信息。

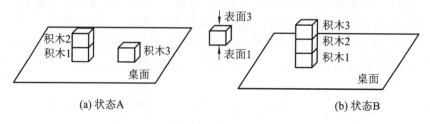

(a) 状态A　　　　　　　　　　　　　　　　(b) 状态B

图 7-2　积木世界

表 7-1　积木世界作业的描述

状态 A	状态 B
Block1-face1 AGAINST Table	Block1-face1 AGAINST Table
Block1-face3 AGAINST Block2-face1	Block1-face3 AGAINST Block2-face1
Block3-face1 AGAINST Table	Block2-face3 AGAINST Block3-face1

另一种方法是把作业描述为对物体的一系列符号操作,这种描述方法十分类似于工业装配任务书中的说明。

3．运动说明

工业机器人语言的一个最基本的功能是能够描述工业机器人的运动。通过使用语言中的运动语句,操作者可以建立轨迹规划程序和轨迹生成程序的联系。运动语句允许通过规定点和目标点,可以在关节空间或笛卡儿空间说明定位目标,可以采用关节插补运动或笛卡儿直线运动;另外操作者也可以控制运动持续时间等。在 VAL、AL 语言中,运动说明用 MOVE 命令,它表示工业机器人手臂应该到达的目标坐标系。下面给出了 VAL 和 AL 语言运动语句的例子。对于简单的运动语句,大多数编程语言具有相似的语法。

VAL(把手臂移动到目标 1,再直线移动到目标 2,然后通过点 1 移动到目标 3)
MOVE GOAL1;
MOVE GOAL2;
MOVE VIA1;
MOVE GOAL3;
AL(把手臂移动到点 A,然后移动到点 B)
MOVE barm to A;
MOVE barm to B;

或者

MOVE barm to B VIA A;

以上语句中,barm 是工业机器人手臂名称,VIA 标识路径点。

4．编程支撑软件

和计算机语言编程一样,工业机器人语言要有一个良好的编程环境,以提高编程效率。因此编程支撑软件,如文本编辑、调试程序和文件系统等都是工业机器人语言所需要的,没有编程支撑软件的工业机器人语言对用户来说是无用的。另外,根据工业机器人编程的特点,编程支撑软件应具有以下功能。

(1)在线修改程序和随时重新启动:工业机器人作业需要复杂的动作和较长的执行时间,在失败后从头开始运行程序并不总是可行的。因此,编程支撑软件必须有在线修改程序和随时重新启动的功能。

(2)传感器的输出和程序追踪:工业机器人和环境之间的实时相互作用常常不能重复,因此编程支撑软件应能随着程序追踪记录传感器输出值。

(3)仿真:在没有设置工业机器人和工作环境的情况下测试程序,可有效地进行不同程序的调试。

5．人机接口和传感器的综合

在编程和作业过程中,要便于人与工业机器人之间进行信息交换,以便在运动出现故障时能及时处理,确保安全。而且,随着作业环境和作业内容复杂程度的增加,需要有功能强大的人机接口。

工业机器人语言的一个极其重要的部分是与传感器的相互作用。语言系统应能提供一般的决策结构,如"if…then…else"、"case"、"do…until…"和"while…do…"等,以便根据传感器的信息来控制程序的流程。

在工业机器人编程中,传感器一般分为以下 3 类。

(1)位置检测传感器:用来测量工业机器人的当前位置。

(2)力觉和触觉传感器:用来检测工作空间中物体的存在。力觉传感器用于为力控制提供反馈信息,触觉传感器用于检测抓取物体时的滑移。

(3)视觉传感器:用于识别物体,确定物体的方位。

一般传感器信息的主要用途是启动或结束一个动作。例如,在传送带上到达的零件可以"切断"光电传感器,启动工业机器人拾取这个零件,如果出现异常情况,就结束动作。目前大多数工业机器人语言不能直接支持视觉,用户必须有处理视觉信息的模块。

◀ 7.3 工业机器人语言的基本功能 ▶

工业机器人语言的基本功能包括运算、决策、通信、机械手运动、工具指令和传感器数据处理等功能。许多正在运行的工业机器人系统,只提供机械手运动和工具指令以及某些简单的传感数据处理功能。工业机器人语言体现出来的基本功能都是在工业机器人系统软件的支持下形成的。

1. 运算

在作业过程中执行的规定运算能力是工业机器人控制系统最重要的能力之一。

如果工业机器人未装任何传感器,那么就可能不需要对工业机器人程序规定什么运算。没有传感器的工业机器人只不过是一台适于编程的数控机器。

对于装有传感器的工业机器人所进行的最有用的运算是解析几何运算。运算结果能使工业机器人自行做出在下一步把工具或夹手置于何处的决定。用于解析几何运算的计算工具可能包括下列内容。

(1)机械手解答及逆解答。

(2)坐标运算和位置表示,如相对位置的构成和坐标的变化等。

(3)矢量运算,如点积、交积、长度、单位矢量、比例尺及矢量的线性组合等。

2. 决策

工业机器人系统能够根据传感器输入信息做出决策,而不必执行任何运算。使用传感器数据进行计算得到的结果,是做出下一步该干什么这类决策的基础。这种决策能力使工业机器人控制系统的功能更强。一条简单的条件转移指令(例如检验零值)就足以执行任何决策算法。

供采用的决策形式包括符号(正、负或零)检验、关系(大于、不等于等)检验、布尔(开或关、真或假)检验、逻辑检验(对一个计算字进行位组检验)及集合(一个集合的数、空集等)检验。

3．通信

工业机器人系统具有与操作人员进行通信的能力，允许工业机器人要求操作人员提供信息、告诉操作人员下一步该干什么，以及让操作人员知道工业机器人打算干什么。人和机器能够通过许多不同方式进行通信。

对工业机器人向人提供信息的设备按复杂程度进行排列如下。

（1）信号灯，通过发光二极管，工业机器人能够给出显示信号。

（2）字符打印机、显示器。

（3）绘图仪。

（4）语言合成器或其他音响设备（铃、扬声器等）。

4．机械手运动

可用许多不同的方法来规定机械手的运动。最简单的方法是向各关节伺服装置提供一组关节位置，然后等待伺服装置到达这些规定位置。比较复杂的方法是在机械手工作空间内插入一些中间位置。这种程序使所有关节同时开始运动和同时停止运动。

用与机械手（除 X-Y-Z 机械手外）的形状无关的坐标来表示工具位置，并用一台计算机对解答进行计算是更先进的方法。在笛卡儿空间内插入工具位置能使工具端点沿着路径跟随轨迹平滑运动。引入一个参考坐标系，用以描述工具位置，然后让该坐标系运动。这对许多情况是很方便的。

采用计算机，极大地提高了机械手的工作能力。这主要表现在以下几个方面。

（1）使很复杂的运动顺序成为可能。

（2）使运用传感器控制机械手的运动成为可能。

（3）能够独立存储工具位置，而与机械手的设计以及刻度系数无关。

5．工具指令

一个工具指令通常是由闭合某个开关或继电器而开始触发的，而继电器又可能把电源接通或断开，以直接控制工具运动，或者送出一个小功率信号给电子控制器，让后者去控制工具。直接控制是最简单的方法，而且对控制系统的要求也较少。可以用传感器来感受工具运动及其功能的执行情况。

采用工具功能控制器，对工业机器人主控制器来说就有可能对工业机器人进行比较复杂的控制。采用单独控制系统能够使工具功能控制与工业机器人控制协调一致地工作。这种控制方法已被成功地用于飞机机架的钻孔和铣削加工中。

6．传感数据处理

用于机械手控制的通用计算机只有与传感器连接起来，才能发挥其全部效用。传感数据处理是许多工业机器人程序编制中十分重要而又复杂的组成部分，采用触觉传感器、听觉传感器或视觉传感器时更是如此。例如，当应用视觉传感器获取视觉特征数据、辨识物体和进行工业机器人定位时，对视觉数据的处理往往是极其大量的和费时的。

传感器具有多种形式。按照功能，传感器可分为以下几类。

（1）内体感受器：用于感受机械手或其他由计算机控制的关节式机构的位置。

（2）触觉传感器：用于感受工具与物体（工件）间的实际接触。

（3）接近度或距离传感器：用于感受工具至工件或障碍物的距离。

（4）力和力矩传感器：用于感受装配（如把销钉插入孔内）时所产生的力和力矩。

（5）视觉传感器：用于"看见"工作空间内的物体，确定物体的位置或（和）识别它们的形状等。

◀ 7.4 常见的工业机器人语言 ▶

一般用户接触到的语言都是工业机器人公司自己针对用户开发的语言，通俗易懂。在这一层次，每一个工业机器人公司都有自己的语法规则和语言形式，这些其实都不重要，因为这一层是给用户示教编程使用的。在这层语言平台之后是一层基于硬件的高级语言平台，如 C 语言、C++语言、基于 IEC 61131 标准的语言等，这些语言是工业机器人公司进行工业机器人系统开发时所使用的语言，运用这一层次的语言平台可以编写翻译解释程序，该层语言平台主要进行运动学和控制方面的编程。底层就是硬件语言平台，如基于 Intel 硬件的汇编指令等。商用工业机器人公司提供给用户的编程接口一般都是自己开发的简单的示教编程语言系统。工业机器人控制系统提供商提供给用户的一般是第二层语言平台。在这一平台层次，工业机器人控制系统供应商可能提供了工业机器人运动学算法和核心的多轴联动插补算法，用户可以针对自己设计的产品应用自如地进行二次开发，该层语言平台具有较好的开放性，但是用户的工作量也相应增加，这一层次的平台主要是针对工业机器人开发厂商的平台，如欧系一些工业机器人控制系统供应商提供的就是基于 IEC 61131 标准的编程语言平台。对于最底层的汇编语言级别的编程环境，我们一般不用太关注，这些是控制系统芯片硬件厂商的事。

不同工业机器人公司的工业机器人编程语言不同，各家有各家自己的编程语言。但是，不论变化多大，其关键特性都很相似。比如 Staubli 工业机器人的编程语言叫作 VAL3，其风格和 Basic 相似；ABB 工业机器人的编程语言叫作 RAPID，其风格和 C 语言相似；还有 Adept Robotics 的 V+，Fanuc 工业机器人、KUKA 工业机器人、MOTOMAN 工业机器人都有专用的编程语言。由于工业机器人的发明公司 Unimation 公司最开始使用的编程语言就是 VAL 语言，所以这些语言的结构有所相似。VAL 语言是美国 Unimation 公司于 1979 年推出的一种工业机器人编程语言，主要配置在 PUMA 型和 UNIMATION 型等工业机器人之上，是一种专用的动作类描述语言。VAL 语言是在 Basic 语言的基础上发展起来的，所以其结构与 Basic 语言的结构很相似。在 VAL 的基础上 Unimation 公司推出了 VAL II 语言；而后来 Staubli 公司收购了 Unimation 公司，又发展了工业机器人编程语言 VAL3。

7.4.1 VAL 语言

VAL 语言可应用于上、下两级计算机控制的工业机器人系统。上位机为 LSI-11/23，进行系统的管理，编程在上位机中进行；下位机为 6503 微处理器，主要控制各关节的实时运动。编程时可以采用 VAL 语言和 6503 汇编语言混合编程的方式。VAL 语言命令简单、清晰易懂，描述工业机器人作业动作及与上位机的通信均较方便，实时功能强；可以在在线和离线两种状态下编程，适用于多种计算机控制的工业机器人；能够迅速地计算出不同坐标系下复杂运动的连续轨迹，能连续生成工业机器人的控制信号，可以与操作人员交互，允许操作人员在线修改程序和生成程序;包含一些子程序库,通过调用各种不同的子程序实现对复杂操作的控制;能与外部存储器进行快速数据传输,以保存程序和数据。VAL 语言系统包括文本编辑、系统命令和编程语言三个部分。在文本编辑状态下可以通过键盘输入文本程序,也可通过示教盒在示教方式下输入程序。在输入过程中可修改、编辑、生成程序,最后将程序保存到存储器中。在此状态下也可以调用已存在的程序。系统命令包括位置定义、程序和数据列表、程序和数据存储、系统状态设置和控制、系统开关控制、系统诊断和修改。编程语言把一条条程序语句转换执行。

7.4.2　AL 语言

AL 语言是 20 世纪 70 年代中期美国斯坦福大学人工智能研究所开发研制的一种工业机器人语言。它是在 WAVE 的基础上开发出来的,也是一种动作级语言,兼有对象级语言的某些特征,使用于装配作业。它的结构及特点类似于 Pascal 语言,可以编译成机器语言在实时控制机上运行,具有实时编译语言的结构和特征,如可以同步操作、条件操作等。AL 语言设计的原始目的是用于具有传感器信息反馈的多台工业机器人或机械手的并行或协调控制编程。运行 AL 语言的系统硬件环境包括主、从两级计算机控制,主机内的管理器负责管理和协调各部分的工作,编译器负责对 AL 语言的指令进行编译并检查程序,实时接口负责主、从机之间的接口连接,装载器负责分配程序。从机为 PDP-11/45。主机的功能是对 AL 语言进行编译,对工业机器人的动作进行规划;从机接受主机发出的动作规划命令,进行轨迹及关节参数的实时计算,最后对工业机器人发出具体的动作指令。

7.4.3　IML 语言

IML 也是一种着眼于末端操作器的动作级语言,由日本九州大学开发而成。IML 语言的特点是编程简单,能人机对话,适合于现场操作,许多复杂动作可由简单的指令来实现,易被操作人员掌握。IML 用直角坐标系描述工业机器人和目标物的位置和姿态。坐标系分两种,一种是机座坐标系,一种是固连在工业机器人作业空间上的工作坐标系。IML 语言以指令的形式编程,可以表示工业机器人的工作点、运动轨迹、位置和姿态及目标物的位置和姿态等信息,从而可以直接编程。往返作业可不用循环语句描述,示教的轨迹能定义成指令并插到语句中,还能完成某些力的施加。

IML 语言的主要指令有运动指令 MOVE、速度指令 SPEED、停止指令 STOP、手指开合指令 OPEN 和 CLOSE、坐标系定义指令 COORD、轨迹定义命令 TRAJ、位置定义命令 HERE、程序控制指令 IF…THEN 等。

7.4.4　RAPID 语言

RAPID 程序中包含了一连串控制工业机器人的指令,执行这些指令可以实现对工业机器人的控制操作。RAPID 是一种英文编程语言,所包含的指令可以移动工业机器人、设置输出、读取输入,还能实现决策、重复其他指令、构造程序、与系统操作人员交流等功能。

使用 RAPID 语言编制程序的案例如下。

用 RAPID 语言编制如图 7-3 所示的工业机器人把螺栓插入一个孔里的作业的程序。

这个作业需要把工业机器人移至料斗上方 A 点,抓取螺栓,经过 B 点、C 点,再把它移至导板孔上方 D 点,并把螺栓插入其中一个孔里。

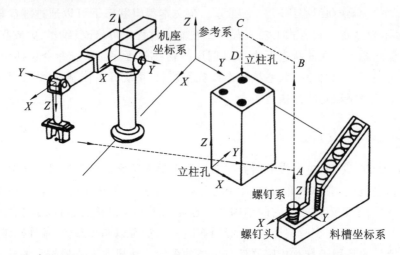

图 7-3　工业机器人把螺栓插入一个孔里的作业示意图

编制这个作业的程序的步骤如下。

(1) 定义坐标系。

(2) 组建信号通信表。

(3) 定义机座、导板、料斗、导板孔、螺栓柄等的位置和姿态。

(4) 把装配作业划分为一系列动作,如原位安全检测、移动工业机器人、抓取物体、异常还原、循环检查和完成插入等。

(5) 加入传感器,以发现异常情况和监视装配作业的过程。

(6) 重复步骤(3)和步骤(5),优化、调整并改进程序。

按照上面的步骤,利用 RAPID 语言编制的程序如下。

```
%%%%%%%%%%%%%%%%%%%%
        VERSION:1
        LANGUAGE:ENGLISH
%%%%%%%%%%%%%%%%%%%%
    !Robtarget data
    CONST robtarget
pHome:=[[927.99,43.32,219.39],[0.640173,0.271475,0.652601,0.300983],[0,0,0,1],
[9E+09,9E+09,9E+09,9E+09,9E+09,9E+09]];
    CONST robtarget
pPick_A:=[[927.98,43.33,264.66],[0.608098,0.291488,0.680509,0.286633],[0,0,0,
1],[9E+09,9E+09,9E+09,9E+09,9E+09,9E+09]];
    CONST robtarget
pPick_B:=[[927.98,43.32,226.01],[0.634829,0.279788,0.655651,0.298048],[0,0,0,
1],[9E+09,9E+09,9E+09,9E+09,9E+09,9E+09]];
    CONST robtarget
pPick_C:=[[927.98,43.32,226.01],[0.634829,0.279788,0.655651,0.298048],[0,0,0,
1],[9E+09,9E+09,9E+09,9E+09,9E+09,9E+09]];
```

```
      CONST robtarget
pPick_D:=[[927.98,43.32,226.01],[0.634829,0.279788,0.655651,0.298048],[0,0,0,
1],[9E+09,9E+09,9E+09,9E+09,9E+09,9E+09]];


    PERS bool bCycleStart:=TRUE;


 MODULE MainModule     程序模块名


    !!!!!!!!!!!!!!!!!!!!!!!!!!!!!!!!!!!!!!!!!!!!!!!!!!!!!!!!!!!!!!!!!!!!!!!!!!!!
    !Module       : Extract&PlaceMainModule
    !Created by    : RSE AUTOMACHINE CO,.LTD
    !Consumer     : WuHanChuanBoZhiYeJiShuXueYuan
    !programmer   : Liujie
    !Date         : 2009-10-15
    !!!!!!!!!!!!!!!!!!!!!!!!!!!!!!!!!!!!!!!!!!!!!!!!!!!!!!!!!!!!!!!!!!!!!!!!!!!!


   PROC main()          主程序
       rInitial;         调用 rInitial 程序
       WHILE bCycleStart=TRUE DO     程序执行死循环
         IF Di01RobStart=1 THEN       如果 Di01RobStart=1,执行下面的程序
              rToLiaoCao;        工业机器人去料槽动作例行程序
              rGrabProduct;      工业机器人抓起螺栓动作及逻辑例行程序
              rToPingTai;        工业机器人抓螺栓后去工作平台例行程序
              rPlaceProduct;     工业机器人将螺栓插入孔中例行程序
              rRobHome;          工业机器人返回原位例行程序
              rWriteTP;          一个循环完成写屏例行程序
         ENDIF
              rCycleCheck;    循环检查信号例行程序
       ENDWHILE
       ENDPROC


    PROC rInitial()   例行程序,用于初始化所有数据和状态
       VelSet 100,3000;    加速度设定指令
       AccSet 100,100;    速度设定指令
    !boolean data
       bCycleStart:=FALSE;

       rCheckGripper;
       rCycleCheck;
       WaitTime 5;


    !OutputReset
       ReSet Do01GripClose;    初始化夹手复位指令
       ReSet DO02GripOpen;    初始化夹手复位指令
```

```
        ENDPROC

PROC rRobHome()   回工业机器人原位例行程序
MoveJ pHome, v1500, z200, Tool1;
ENDPROC


PROC rWriteTP()   工作信息写屏例行程序
 TPErase;
 TPWrite "for WuHanChuanBoZhiYeJiShuXueYuan";
 TPWrite "";
 TPWrite "";
 TPWrite "Product counter is"\Num:=nExtract;
    bWrite:=FALSE;
ENDPROC


 PROC  rToLiaoCao()   工业机器人运动至料槽例行程序
    MoveL pHome, v1000, z10, Tool1;
    MoveJ pPick_1, v1000, fine, Tool1;
ENDPROC


PROC  rGrabProduct()   工业机器人料槽取螺栓例行程序
  IF Di03CheckLS=True THEN
    MoveL Offs(pPick_A,-100,0,0), v1000, z1, Tool1;
    Set Do01GripClose  夹手关闭指令
    MoveL pPick_A, v1000, fine, Tool1;   抓螺栓目标点
  ENDIF
ENDPROC


PROC  rToPingTai()   工业机器人从料槽移动至平台例行程序
  MoveJ pPick_B, v1000, fine, Tool1;   目标点B运动指令
  MoveJ pPick_C, v1000, fine, Tool1;   目标点C运动指令
  MoveJ pPick_D, v1000, fine, Tool1;   目标点D运动指令
  ENDPROC


  PROC  rPlaceProduct()   平台放料例行程序
    IF Di04CheckLS=True THEN
      MoveL Offs(pPick_D,-100,0,0), v1000, z1, Tool1;平台放料目标点
      Set DO02GripOpen  夹手打开
      MoveL pPick_D, v1000, fine, Tool1;
    ENDIF
  ENDPROC


PROC rCycleCheck()   循环检查例行程序
    IF bCycleStop=TRUE THEN
```

```
        bCycleStop:=FALSE;
        TPWrite " ";
        TPWrite "robot stopped by operator,";
      TPWrite "please move pp to main and start";
    IF CurrentPos(pExtr_5, Tool1,20) THEN
      MoveL Offs(pExtr_5,-50,0,100), v1500, z1, Tool1;
        MoveJ pHome,v500,Z10, Tool1;
        MoveJ pHome1,v500,fine, Tool1;
      ELSE
        MoveJ pHome,v500,Z10, Tool1;
        WaitTime 0.5;
        STOP;
  ENDIF
    IF nPlace>=2300 THEN
      rCounterClear;
      Stop;
    ELSE
      RETURN;
    ENDIF
  ENDPROC


PROC rCheckGripper()    夹手异常循环检查例行程序
  !signal check

  IF Di01MaGrippCloseOK=0 OR Di02MaGrippOpenOK=0   THEN
    TPErase;
    TPWrite"Please check the Di01 and Di02 gripper switch ";
    rTrashPath;
    rRobHome;
  ENDIF
  IF Di01MaGrippCloseOK=1 AND Di02MaGrippOpenOK=1   THEN
    bCycleStart:=TRUE;
  ELSE
    bCycleStart:=FALSE;
    STOP;
  ENDIF
  IF Di01MaGrippCloseOK=1 AND Di02MaGrippOpenOK=0   THEN
    TPErase;
    TPWrite"Please check the Di02MaGrippOpenOK gripper switch ";
    rTrashPath;
    rRobHome;
  ENDIF
  IF Di01MaGrippCloseOK=0 AND Di02MaGrippOpenOK=1 THEN
    TPErase;
```

```
        TPWrite "Please check the Di01MaGrippCloseOK gripper switch";
         rTrashPath;
           rRobHome;
       ENDIF
    ENDPROC
```

◀ 7.5　示教编程过程 ▶

示教再现控制是指控制系统可以通过示教编程器或手把手进行示教,将动作顺序、运动速度、位置等信息用一定的方法预先提供给工业机器人,再由工业机器人的记忆装置将所教的操作过程自动记录在磁盘、磁带等存储器中,当需要再现操作时,重放存储器中存储的内容即可。如果需要更改操作内容,只需要重新示教一遍或更换预先录好程序的磁盘或其他存储器即可,因而重编程序极为简便和直观。

工业机器人的示教再现过程分为以下四个步骤进行。

步骤一:示教。操作人员把规定的目标动作(包括每个运动部件、每个运动轴的动作)一步一步地教给工业机器人。示教的简繁,标志着工业机器人自动化水平的高低。

步骤二:记忆。工业机器人将操作人员所示教的各个点的动作顺序信息、动作速度信息、位姿信息等记录在存储器中。存储信息的形式、存储量的大小决定工业机器人能够进行的操作的复杂程度。

步骤三:再现。根据需要,将存储器所存储的信息读出,向执行机构发出具体的指令,工业机器人根据给定顺序或者工作情况,自动选择相应的程序再现,这一功能反映了工业机器人对工作环境的适应性。

步骤四:操作。工业机器人以再现信号作为输入指令,使执行机构重复示教过程规定的各种动作。

在示教再现这一动作循环中,示教和记忆同时进行,再现和操作同时进行。这种方式是工业机器人控制中比较方便和常用的方式之一。

示教编程案例如下。

应用工业机器人焊接如图 7-4 所示的两块钢板。

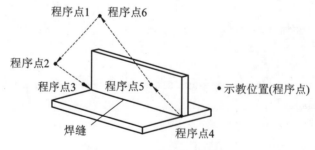

图 7-4　工业机器人焊接钢板

程序如下。

```
    PROC rWeldingPathA()
```

```
MoveJ A01,vmax,z10,tWeldGun\WObj:=wobjStationA;   \\程序点 1 位置记录

MoveJ A02,v1000,z10,tWeldGun\WObj:=wobjStationA;   \\程序点 2 位置记录

ArcLStart A03, v1000, sm1, wd1, fine, tWeldGun\WObj:=wobjStationA;\\程序点 3 位
置记录 (启弧)

ArcL A04,v100,sm1,wd1,z1,tWeldGun\WObj:=wobjStationA;\\程序点 3 位置记录 (焊接)

ArcCEnd A05,pWeld_A10,v100,sm1,wd1,fine,tWeldGun\WObj:=wobjStationA;   \\程
序点 3 位置记录 (焊接结束)

MoveL A06,vmax,z10,tWeldGun\WObj:=wobjStationA;   \\程序点 6 位置记录

ENDPROC
```

◀ 7.6 离线编程与仿真 ▶

早期的工业机器人主要应用于大批量生产,如自动线上的点焊、喷涂,故编程所花费的时间相对比较少,示教编程可以满足这些工业机器人作业的要求。随着工业机器人应用范围的扩大和所完成任务复杂程度的增加,在中小批量生产中,用示教方式编程就很难满足要求。在 CAD/CAM/robotics 一体化系统中,由于工业机器人工作环境的复杂性,对工业机器人及其工作环境乃至生产过程的计算机仿真是必不可少的。工业机器人仿真系统的任务就是在不接触实际工业机器人及其工作环境的情况下,通过图形技术,提供一个和工业机器人进行交互作用的虚拟环境。工业机器人离线编程(OLP-off-line programming)系统是工业机器人编程语言的拓展。它利用计算机图形学的成果,建立起工业机器人及其工作环境的模型;再利用一些规划算法,通过对图形的控制和操作,在离线的情况下进行轨迹规划。工业机器人离线编程系统已被证明是一个有力的工具,可以增加安全性,减少工业机器人不工作时间和降低成本等。

与示教编程相比,离线编程具有以下优点。

(1) 减少工业机器人停机的时间,当对下一个任务进行编程时,工业机器人可仍在生产线上工作。

(2) 使编程者远离危险的工作环境,改善了编程环境。

(3) 离线编程系统使用范围广,可以对各种工业机器人进行编程,并能方便地实现优化编程。

(4) 便于和 CAD/CAM 系统结合,做 CAD/CAM/robotics 一体化。

(5) 可使用高级计算机编程语言对复杂任务进行编程。

(6) 便于修改工业机器人程序。

因此,离线编程引起了人们的广泛重视,并成为工业机器人学中一个十分活跃的研究方向。

将工业加工过程所需要的三维信息通过 CAD 模型、三维测量仪器输入交互式工业机器人离线编程系统。根据输入信息,离线编程模块自动产生工业机器人的运动轨迹和程序,并针对不同的加工过程设置相应的加工过程参数,对生产过程进行控制。与常用的手工在线逐点工业机器人编程法相比较,离线编程模块的使用将大大缩短编程时间。采用离线编程避免了生产过程的中断,提高了工业机器人的使用率。

　　工业机器人离线编程系统不仅要在计算机上建立起工业机器人系统的物理模型,而且要对其进行编程和动画仿真,以及对编程结果进行后置处理。一般来说,工业机器人离线编程系统包括传感器、工业机器人系统 CAD 建模、离线编程、图形仿真、人机界面以及后置处理等主要模块。

　　工业机器人系统 CAD 建模模块需要完成以下任务:第一,零件建模;第二,设备建模;第三,系统设计和布置;第四,几何模型图形处理。因为利用现有的 CAD 数据及工业机器人理论结构参数所构建的工业机器人模型与实际模型之间存在着误差,所以必须对工业机器人进行标定,对其误差进行测量、分析,不断校正所建模型。随着工业机器人应用领域的不断扩大,工业机器人作业环境的不确定性对工业机器人作业任务有着十分重要的影响,固定不变的环境模型是不够的,极可能导致工业机器人作业的失败。因此,如何对环境的不确定性进行抽取,并以此动态修改环境模型,是工业机器人离线编程系统实用化的一个重要问题。

　　工业机器人离线编程系统的一个重要作用是离线调试程序,而离线调试最直观有效的方法是在不接触实际工业机器人及其工作环境的情况下,利用图形仿真技术模拟工业机器人的作业过程,提供一个与工业机器人进行交互作用的虚拟环境。计算机图形仿真模块是工业机器人离线编程系统的重要组成部分,它将工业机器人仿真的结果以图形的形式显示出来,直观地显示出工业机器人的运动状况,从而可以得到从数据曲线或数据本身难以分析出来的许多重要信息,离线编程的效果正是通过这个模块来验证的。随着计算机技术的发展,在个人计算机的 Windows 平台上可以方便地进行三维图形处理,并以此为基础完成 CAD、工业机器人任务规划和动态模拟图形仿真。一般情况下,用户在离线编程模块中为作业单元编制任务程序,经编译连接后生成仿真文件。在图形仿真模块中,系统解释控制执行仿真文件的代码,对任务规划和路径规划的结果进行三维图形动画仿真,模拟整个作业的完成情况,检查发生碰撞的可能性及工业机器人的运动轨迹是否合理,并计算工业机器人的每个工步的操作时间和整个工作过程的循环时间,为离线编程结果的可行性提供参考。

　　离线编程模块的主要任务一般包括工业机器人及设备的作业任务描述(包括路径点的设定)、建立变换方程、求解未知矩阵及编制任务程序等。在进行图形仿真以后,可根据动态仿真的结果,对程序做适当的修正,以达到满意效果,最后在线控制工业机器人运动以完成作业。在工业机器人技术发展初期,多采用特定的工业机器人语言进行编程。一般的工业机器人语言采用了计算机高级程序语言中的程序控制结构,并根据工业机器人编程的特点,通过设计专用的工业机器人控制语句及外部信号交互语句来控制工业机器人的运动,从而增强了工业机器人作业描述的灵活性。面向任务的工业机器人编程是高度智能化的工业机器人编程技术的理想目标——使用最适于用户的类自然语言形式描述工业机器人作业,通过工业机器人装备的智能设施实时获取环境的信息,并进行任务规划和运动规划,最后实现工业机器人作业的自动控制。面向对象的工业机器人离线编程系统所定义的工业机器人编程语言把工业机器人几何特性和运动特性封装在一块,并为之提供了通用的接口。基于这种接口,工业机器人离线编程系统可方便地与各种对象,包括与传感器打交道。由于语言能对几何信息直接进行操作且具有空间推理功能,因此它能方便地实现自动规划和编程。此外,还可以进一步实现对象化任务级语言,这是工业机器人离线编程技术的又一大提高。

近年来,随着工业机器人技术的发展,传感器在工业机器人作业中起着越来越重要的作用,对传感器的仿真已成为工业机器人离线编程系统中必不可少的一部分,并且也是工业机器人离线编程系统实现实用化的关键。利用传感器的信息能够减少仿真模型与实际模型之间的误差,增加系统操作和程序的可靠性,提高编程效率。对于由传感器驱动的工业机器人系统,由于传感器产生的信号会受到多方面因素的干扰(如光线条件、物理反射率、物体几何形状以及运动过程的不平衡性等),基于传感器的运动不可预测。传感器技术的应用使工业机器人系统的智能性大大提高,工业机器人作业任务已离不开传感器的引导。因此,工业机器人离线编程系统应能对传感器进行建模,生成传感器的控制策略,对基于传感器的作业任务进行仿真。

后置处理模块的主要任务是把经离线编程而获得的源程序编译为工业机器人控制系统能够识别的目标程序,即当作业程序的仿真结果完全达到作业的要求后,将该作业程序转换成目标工业机器人的控制程序和数据,并通过通信接口下装到目标工业机器人控制柜,驱动工业机器人去完成指定的任务。由于工业机器人控制柜具有多样性,要设计通用的通信模块比较困难,因此一般采用后置处理模块将离线编程的最终结果翻译成目标工业机器人控制柜可以接受的代码形式,然后实现加工文件的上传及下载。工业机器人离线编程中,仿真所需数据与工业机器人控制柜中的数据是有些不同的,所以工业机器人离线编程系统中生成的数据有两套,一套供仿真用,一套供控制柜使用,这些都是由后置处理模块进行操作的。

离线编程案例如表 7-2 所示。

表 7-2　离线编程案例

工作内容示意图	步　骤
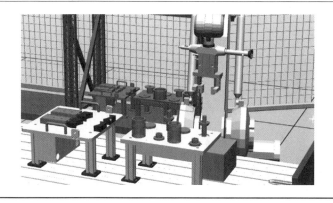	第一步:工作站布局。 导入工业机器人系统 CAD 模型,包括工业机器人本体、工作台、末端操作器、线槽、安全护栏等机械结构
	第二步:设计机械结构动画。 ①创建末端操作器抓手动作; ②创建装配治具动作

工作内容示意图	步　骤
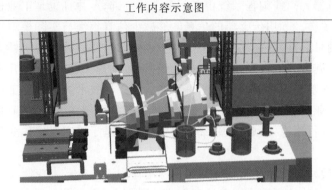	第三步:规划路径。 ①设计用户坐标系; ②设计工具坐标系; ③创建工作目标点; ④测试工业机器人的轴配置
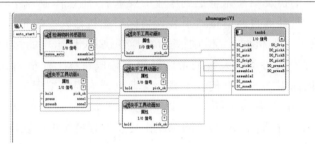	第四步:信号连接。 ①工业机器人 I/O; ②工作站 I/O; ③执行机构 I/O; ④辅助设备 I/O; ⑤I/O 逻辑连接
| ```
25        Move] phome,v1000,z100,hold1\WObj:=wobj0;
26        Move] pickD3,v1000,z100,grip\WObj:=wobj1;
27        MoveL pickD2,v1000,z100,grip\WObj:=wobj1;
28        Move] pickD1,v1000,z100,grip\WObj:=wobj1;
29        MoveL pickD2,v1000,z100,grip\WObj:=wobj1;
30        Move] pickD3,v1000,z100,grip\WObj:=wobj1;
31        MoveL pickD4,v1000,z100,grip\WObj:=wobj1;
32        Move] phome,v1000,z100,hold1\WObj:=wobj0;
33     ENDPROC
34  PROC Path_20()
35        Move] phome,v1000,z100,hold1\WObj:=wobj0;
36        Move] pickA,v1000,z100,hold1\WObj:=wobj1;
37        Move] pickB,v1000,z100,hold1\WObj:=wobj1;
38        Move] pickC,v1000,z100,hold1\WObj:=wobj1;
39        MoveL placeA,v1000,z100,hold1\WObj:=wobj1;
40        Move] phome,v1000,z100,hold1\WObj:=wobj0;
41     ENDPROC
42  PROC main()
43        rIninAll;
44        WHILE TRUE DO
45           IF DI_auto=1 AND assemble1=1 AND DI_noneA=0 THEN
46              Nbasket:=0;
47              Pick_A;
48              Pick_B;
49              Pick_C;
50              Pick_D;
51              Reset DO_pressA;
52           ENDIF
53           IF DI_auto=1 AND assemble2=1 and DI_noneB=0 THEN
54              Nbasket:=1;
55              Pick_A;
56              Pick_B;
57              Pick_C;
58              Pick_D;
59              Reset DO_pressB;
60           ENDIF
61        ENDWHILE
62     ENDPROC
``` | 第五步:离线编程。<br>①建立程序数据;<br>②编制主程序;<br>③编制例行程序;<br>④编制功能程序 |
| 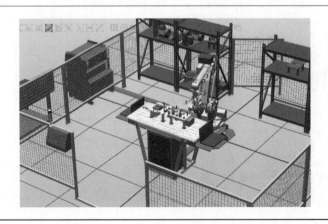 | 第六步:模拟调试。
①程序逻辑测试;
②工业机器人碰撞测试;
③工作节拍测试;
④运动轨迹测试 |
```

◀ 7.7 工业机器人离线编程软件简介 ▶

7.7.1 RobotStudio 软件介绍

RobotStudio 是优秀的计算机仿真软件。为帮助用户提高生产率,降低购买与使用工业机器人解决方案的总成本,ABB 公司开发了一个适用于工业机器人寿命周期各个阶段的软件产品家族。

规划与可行性:在规划与定义阶段,RobotStudio 可让用户在实际构建工业机器人系统之前先进行设计和试运行。用户还可以利用该软件确认工业机器人是否能到达所有编程位置,并计算解决方案的工作周期。

编程:在设计阶段,ProgramMaker 将帮助用户在个人计算机上创建、编辑和修改工业机器人程序和各种数据文件。

在 RobotStudio 中可以实现以下主要功能。

(1) CAD 导入。RobotStudio 可轻易地以各种主要的 CAD 格式导入数据,包括 IGES、SAT、STEP、VRML、VDAFS、ACIS 和 CATIA。通过使用此类非常精确的 3D 模型数据,工业机器人程序设计员可以生成更为精确的工业机器人程序,从而提高产品质量。

(2) 自动路径生成。这是 RobotStudio 最节省时间的功能之一。它通过使用待加工部件的 CAD 模型,可在短短几分钟内自动生成跟踪曲线所需的工业机器人位置。如果人工执行此项任务,则可能需要数小时甚至数天。

(3) 自动分析伸展能力。此便捷功能可让操作人员灵活移动工业机器人或工件,直至所有位置均达到,运用此便捷功能可在短短几分钟内验证和优化工作单元布局。

(4) 碰撞检测。在 RobotStudio 中,可以对工业机器人在运动过程中是否可能与周边设备发生碰撞进行一个验证与确认,以确保工业机器人离线编程得出的程序的可用性。

(5) 在线作业。使用 RobotStudio 与真实的工业机器人进行连接通信,对工业机器人进行便捷的监控、程序修改、参数设定、文件传送及备份恢复的操作,使调试与维护工作更轻松。

(6) 模拟仿真。根据设计,在 RobotStudio 中进行工业机器人工作站的动作模拟仿真及周期节拍仿真,为工程的实施提供真实的验证。

(7) 应用功能包。RobotStudio 针对不同的应用推出功能强大的工艺功能包,将工业机器人更好地与工艺应用进行有效的融合。

(8) 二次开发。RobotStudio 提供功能强大的二次开发平台,使工业机器人应用实现更多的可能,满足工业机器人的科研需要。

RobotStudio 的缺点是它只支持 ABB 公司生产的工业机器人,工业机器人间的兼容性很差。

RobotStudio 工作界面如图 7-5 所示。

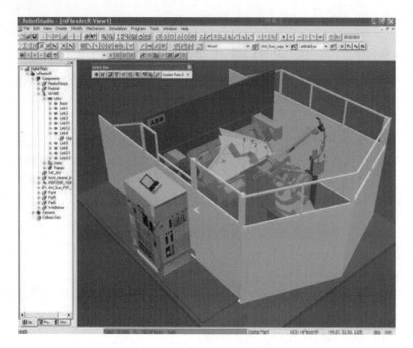

图 7-5　RobotStudio 工作界面

7.7.2　Robcad 软件介绍

自 1986 年开始,以色列 Tecnomatix 公司的 Robcad(eM-Workplace)已在工业生产中得到了广泛的应用,美国福特、德国大众、意大利菲亚特等多家汽车公司,美国洛克希德·马丁公司都使用 Robcad 进行生产线的布局设计、工厂仿真和离线编程。2004 年 Tecnomatix 公司被美国 UGS 公司并购,2007 年西门子公司将 UGS 公司收入旗下,Robcad 成为西门子公司完整的产品生命周期管理软件 Siemens PLM Software 中的一个重要组成部分。Robcad 工作界面如图 7-6 所示。

目前,Robcad 已成为世界上流行的工业机器人仿真系统之一。在 Robcad 功能及关键技术分析研究中发现,一个先进实用的工业机器人仿真系统应具备以下功能:与其他 CAD 系统兼容;通用工业机器人运动学建模、运动学解调;多运动机构相互通信,协调作业仿真;离线编程,作业任务下装、上调。Robcad 能够在由产品和多类制造资源所构成的环境中,进行工业机器人工作单元验证及自动化制造过程的设计、仿真、优化、分析和离线编程。它所提供的并行的工程平台,能用于优化焊接工艺过程并计算焊装节拍时间。利用 Robcad,能够在三维图形计算机工作站上设计和模拟完整的焊装单元和系统。通过允许制造工程师在前期虚拟地验证自动化制造方法和手段,Robcad 使制造商能够无瑕疵地引进自动化过程。作为一个标准的大规模的解决软件,Robcad 能够充分集成主要的工艺。Robcad 有着突出的优点:提高加工质量、精确度和效益;减少劳动力时间和过程工程主导时间;极大提高程序的准确度和过程质量;优化开发过程,降低主要的投资,降低成本;缩短了投入市场的时间。

Robcad 是西门子公司旗下的软件,软件较庞大,重点在生产线仿真,价格也是同款软件中顶尖的。它支持离线点焊,支持多台工业机器人仿真,支持非工业机器人运动机构仿真,

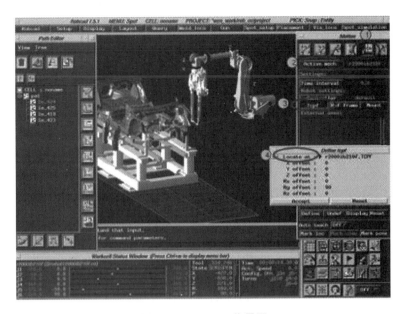

图 7-6　Robcad 工作界面

主要应用于产品生命周期中的概念设计和结构设计两个前期阶段。其主要特点包括:第一,与主流的 CAD 软件(如 NX、CATIA、IDEAS)无缝集成;第二,实现工具工装、工业机器人和操作人员的三维可视化;第三,能够进行制造单元、测试以及编程的仿真。

Robcad 的主要功能如下:

(1) Workcell and Modeling 模块:对车身生产线进行设计、管理和信息控制。

(2) Spot and OLP 模块:完成点焊工艺设计和离线编程。

(3) Human:实现人因工程分析。

(4) Application 中的 Paint、Arc、Laser 等模块:实现生产制造中喷涂、弧焊、激光加工、缝边等工艺的仿真验证及离线程序输出。

(5) Paint 模块:喷漆的设计、优化和离线编程,其功能包括喷漆路线的自动生成、多种颜色喷漆厚度的仿真、喷漆过程的优化。

Robcad 的缺点是价格昂贵,离线功能较弱,人机界面不友好。

7.7.3　RobotWorks 软件介绍

RobotWorks 是来自以色列的工业机器人离线编程仿真软件,与 Robotmaster 类似,是基于 SolidWorks 做的二次开发。RobotWorks 工作界面如图 7-7 所示。使用时,需要先购买 SolidWorks。RobotWorks 的主要功能如下:

(1) 全面的数据接口:RobotWorks 是基于 SolidWorks 平台开发的,因此可以通过 IGES、DXF、DWG、PrarSolid、Step、VDA、SAT 等标准接口进行数据转换。

(2) 强大的编程能力:从输入 CAD 数据到输出工业机器人加工代码只需以下四步。

第一步:在 SolidWorks 中直接创建或直接导入其他三维 CAD 数据,选取定义好的工业机器人工具与要加工的工件组合成装配体。所有装配夹具和工具客户均可以用 SolidWorks

图 7-7　RobotWorks 工作界面

自行创建调用。

第二步：RobotWorks 选取工具，然后直接选取曲面的边缘或者样条曲线进行加工，产生数据点。

第三步：调用所需的工业机器人数据库，开始做碰撞检查和仿真，在每个数据点均可以自动进行修正，包含工具角度控制、引线设置、增减加工点、调整切割次序、在每个点增加工艺参数。

第四步：RobotWorks 自动产生各种工业机器人代码，包含笛卡儿坐标数据、关节坐标数据、工具与坐标系数据、加工工艺等，按照工艺要求保存不同的代码。

（3）强大的工业机器人数据库：系统支持市场上主流的大多数的工业机器人，提供各个型号工业机器人的三维模型。

（4）完美的仿真模拟：独特的工业机器人加工仿真系统可对工业机器人手臂、工具与工件之间的运动进行自动碰撞检查和轴超限检查，自动删除不合格路径并调整，还可以自动优化路径，减少空跑时间。

（5）开放的工艺库定义：软件提供了完全开放的加工工艺指令文件库，用户可以根据自己的实际需求自行定义添加设置独特工艺，添加的任何指令都能输出到工业机器人加工数据中。

RobotWorks 的缺点：RobotWorks 是基于 SolidWorks 开发的，SolidWorks 本身不带 CAM 功能，编程烦琐，工业机器人运动学规划策略智能化程度低。

RobotWorks 的优点：生成轨迹方式多样，支持多种工业机器人，支持外部轴。

【本章小结】

编程语言是工具,编程软件是环境,在线编程和离线编程是方法。要想有效地编写程序,第一,要很清楚地分析问题;第二,要再三地考虑如何解决问题;第三,要获取完整的作业描述,把最终产品期望达到的目标写出来,确定用户群体,写出完整的实现计划。对于一个小型的或独立的项目,实现计划可能就是一个流程图或一个简单的方程式。但对于较大的项目来说,它会帮助人们把工作分解为一个个模块,然后人们需要思考:(1)每一个模块应该实现什么样的功能?(2)在各个模块之间如何传递所需要的数据?(3)在一个模块内部如何使用这些数据?尽管收集和计划需求是乏味的,相比于直接用代码实现要无趣得多,甚至比花几个小时去调试程序更无聊,但是预先花一些时间来设计流程和正确的程序结构后,你就会发现在你写第一行代码之前就已经找到了最高效的方法。

【思考与练习】

1. 简述工业机器人编程语言的基本功能。
2. 比较示教编程和离线编程的优缺点。

工业机器人工作站及自动线

◀ 8.1 工业机器人工作站 ▶

工业机器人是一种具有若干个自由度的机电装置,孤立的一台工业机器人在生产中没有任何实用价值,只有根据作业内容、工作形式、质量和大小等工艺因素,给工业机器人配以相适应的辅助机械装置等周边设备,工业机器人才能成为实用的加工设备。在这种构成中,工业机器人及其控制系统应尽量选用标准装备,对于个别特殊的场合需设计专用工业机器人和末端操作器等辅助设备以及其他周边设备,这随应用场合和工件特点的不同存在着较大差异。因此,这里只能阐述一般的典型工业机器人工作站的构成。

工业机器人工作站的开发方向如下。

(1)工业机器人工作站的自动化。工业机器人能够解放人的双手,将人从恶劣的劳动环境中替换出来,但是由于环境及技术原因,仍有很多工作是无法通过工业机器人自动完成的,比如汽车行业常见的螺柱焊,由于送钉问题,一直无法很好地解决自动焊接问题。这就成为工业机器人发展的一个前沿方向。

(2)工业机器人工作站的精度化。对于人工来说,使用工业机器人最大的优点就是能够保证工作的精确性,最大限度地保证工作质量。目前,为了提高工业机器人工作站的精度,从各个方面出发提高工业机器人性能,比如采用先进的工业机器人运动学算法,能够更好地控制工业机器人各个伺服电机的运动,从而保证工业机器人运动的精度。

(3)工业机器人工作站管理的数字化和人性化。这要求工业机器人工作站的管理软件、控制系统具有相当的人性化、智能化,提高生产和管理性能。

(4)工业机器人工作站的柔性化。产品更新换代日益频繁,这要求工业机器人工作站能够最快地从一种产品切换到另一种产品,以降低生产成本。同时,由于场地、产品复杂性等问题的出现,工业机器人工作站应能够在不同的要求下完成不同的工作。这就要求工业机器人工作站在设计时拥有较高的柔性。比如,工业机器人工作站采用双工业机器人协调控制,其中一个工业机器人夹持工件,另外一个工业机器人夹持作业工具,这样就能够适应不同的产品加工而不用更换夹具,极大地方便了生产并降低了成本。

8.1.1 工业机器人工作站的组成和特点

1. 工业机器人工作站的组成

工业机器人工作站是指使用一台或多台工业机器人,配以相应的周边设备,用以完成某特定工序作业的独立生产系统,也可称为工业机器人工作单元,如图8-1所示。它主要由工业机器人及其控制系统、辅助设备以及其他周边设备所构成。

工业机器人工作站是以工业机器人作为加工主体的作业系统。由于工业机器人具有可再编程的特点,当加工产品更换时,可以重新编写工业机器人的作业程序,从而达到系统柔性要求。

需要提请注意的是,工业机器人只是整个作业系统的一部分,作业系统包括工装、变位器、辅助设备等周边设备,应该对它们进行系统集成,使之构成一个有机整体,这样才能完成任务,满足生产需求。工业机器人工作站系统集成一般包括硬件集成和软件集成。硬件集成需要根据需求对各个设备接口进行统一定义,以满足通信

图 8-1　工业机器人工作站

要求;软件集成则需要对整个系统的信息流进行综合,然后控制各个设备按流程运转。

构建工业机器人工作站是一项较为灵活多变、关联因素甚多的技术工作。构建工业机器人工作站的一般原则有:前期必须充分分析作业对象,拟订最合理的作业工艺;工作站必须满足作业的功能要求和环境条件;工作站必须满足生产节拍要求;工作站整体及各组成部分必须完全满足安全规范和标准;工作站各设备和控制系统应具有故障显示和报警装置;工作站应便于维护修理;工作站操作系统应简单明了,便于操作和人工干预;工作站操作系统应便于联网控制;工作站应便于组线;工作站应经济、实惠,可快速投产,等等。

2. 工业机器人工作站的特点

工业机器人工作站的特点如下:

1）技术先进

工业机器人集精密化、柔性化、智能化、软件应用开发等先进制造技术于一体,通过在作业过程中实施检测、控制、优化、调度、管理和决策,实现增加产量、提高质量、降低成本、减少资源消耗和环境污染的目的,是工业自动化水平的最高体现。

2）技术升级

工业机器人与自动化成套装备具有精细制造、精细加工和柔性生产等技术特点,是继动力机械、计算机之后出现的全面延伸人的体力和智力的新一代生产工具,是实现生产数字化、自动化、网络化和智能化的重要手段。

3）应用领域广泛

工业机器人与自动化成套装备是实施生产的关键设备,可用于制造、安装、检测、物流等生产环节,并广泛应用于汽车整车及汽车零部件、工程机械、轨道交通、低压电气电力、IC 装备、烟草、金融、医药、冶金及印刷出版等行业。

4）技术综合性强

工业机器人与自动化成套技术集中并融合了多项学科,涉及多个技术领域,包括工业机器人控制技术、工业机器人动力学及仿真技术、工业机器人构建有限元分析技术、激光加工技术、模块化程序设计技术、智能测量技术、建模加工一体化技术、工厂自动化技术以及精细物流技术等先进技术,技术综合性强。

8.1.2　弧焊机器人工作站

1. 弧焊的原理

弧焊是指在电极与焊接母材之间接上电源装置,在其间通以低电压、大电流,放电产生

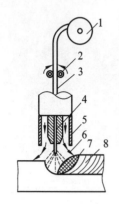

图 8-2 弧焊原理

1—焊丝盘；2—送丝滚轮；
3—焊丝；4—导电嘴；
5—保护气体喷嘴；6—保护气体；
7—熔池；8—焊缝金属

电弧，电弧又产生巨大热量使母材（有时因焊接方式不同，还包括焊接线材在内）熔化并连接在一起。弧焊原理如图 8-2 所示。由于弧焊的焊接强度高，焊缝的水密性和气密性好，可以减轻构造件的质量，因此弧焊广泛应用于造船、建筑、工业机械、车辆等领域。按照电极是否为消耗电极分类，弧焊分为熔极式和非熔极式两种。熔极式有气体保护弧焊、自保护弧焊、埋弧焊等，非熔极式有钨极惰性气体（TIG，tungsten inert gas）保护焊、等离子弧焊等。由于弧焊机器人不受焊接姿态的限制，而且电弧看得见，容易控制，所以气体保护弧焊中的金属极气体（MAG，metal active gas）保护焊、金属极惰性气体（MIG，metal inert gas）保护焊等的应用很广泛。由于在弧焊时焊丝周围不断形成氧化活性气体二氧化碳或二氧化碳与氩气混合保护气流，因此弧焊适用于软钢或低合金钢的焊接。仅采用二氧化碳气体进行保护的弧焊称为二氧化碳气体保护焊。MIG 保护焊的惰性保护气体通常为氩气或氮气等，它适用于不锈钢镍合金、铜合金等的焊接。

2. 弧焊机器人工作站介绍

弧焊机器人工作站系统由弧焊机器人系统、焊接系统、焊枪清理装置和夹具变位系统组成，如图 8-3 所示。弧焊机器人工作站一般由弧焊机器人（包括弧焊机器人本体、弧焊机器人控制柜、示教盒、焊接电源和接口、送丝机构、焊丝盘支架、送丝软管、焊枪、防撞传感器、操作控制盘及各设备间相连接的电缆、气管和冷却水管等）、弧焊机器人机座、工作台、工件夹具、围栏、安全保护设施和排烟罩等组成，必要时可再加一套焊枪喷嘴清理及剪丝装置，如图 8-4 所示。简易弧焊机器人工作站的一个特点是焊接时工件只是被夹紧固定而不变位。

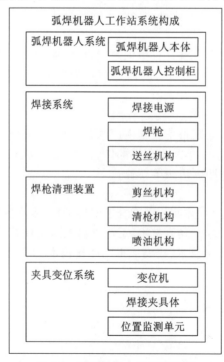

图 8-3 弧焊机器人工作站系统

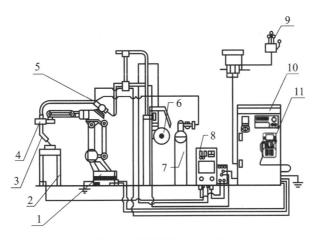

图 8-4　弧焊机器人工作站

1—弧焊机器人；2—工作台；3—焊枪；4—防撞传感器；5—送丝机构；6—焊丝盘；7—气瓶；
8—焊接电源；9—三相电源；10—弧焊机器人控制柜；11—编程器

可见，除夹具须根据工件情况单独设计外，其他的都是标准的通用设备或简单的结构件。简易弧焊机器人工作站由于结构简单，可由工厂自行成套，工厂只需购进焊接机器人，其他可自己设计制造和成套。但必须指出的是，这仅仅就简易焊接机器人工作站而言，较为复杂的焊接机器人工作站最好还是由弧焊机器人工程应用开发单位提供成套交钥匙服务。

弧焊机器人的应用范围很广，除了汽车行业之外，弧焊机器人在通用机械、金属结构、航空、航天、机车车辆及造船等行业都有应用。目前应用的弧焊机器人适应多品种中小批量生产，配有焊缝自动跟踪传感器（如电弧传感器、激光视觉传感器等）和熔池形状控制系统等，可对环境的变化进行一定范围内的适应性调整。

弧焊过程（见图 8-5）比点焊过程要复杂得多，工具中心点（TCP）也就是焊丝端头的运动轨迹、焊枪姿态、焊接参数都要求做到精确控制。所以，弧焊机器人除了前面所述的一般功能外，还必须具备一些满足弧焊要求的功能。虽然从理论上讲有 5 个轴的工业机器人可以用于弧焊，但是对于复杂形状的焊缝，用有 5 个轴的工业机器人会有困难。因此，除非焊缝比较简单，否则应尽量选用六轴工业机器人。弧焊机器人除在作"之"字形拐角焊或小直径圆焊缝焊接时，其轨迹应能贴近示教的轨迹外，还应具备不同摆动样式的软件功能，供编程时选用，以便做摆动焊，而且摆动在每一周期中的停顿点处，弧焊机器人应自动停止向前运动，以满足工艺要求。此外，弧焊机器人还应有接触寻位、自动寻找焊缝起点位置、电弧跟踪和自动再引弧等功能。

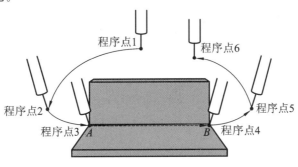

图 8-5　弧焊过程

操作人员通过示教盒操作弧焊机器人本体,使其末端运动至所需的轨迹点,记录该点各关节伺服电机编码器信息,并通过命令的形式确定运动至该点的插补方式、速度、精度等,然后由弧焊机器人控制器按照这些命令查找相应的功能代码并存放到某个指定的示教数据区。弧焊机器人控制柜中的计算器将其转换成各个轴运动的脉冲。弧焊机器人本体的运动精度与其伺服电机有着很大的关系。弧焊机器人能够根据速度和精度合理安排各个轴的运动方式,一般弧焊机器人的速度和精度是相互制约的:为了获得高的焊接速度,往往在一些转角比较大的地方由于运动惯性不能得到高的精度;为了获得高的精度,就不得不牺牲一定的速度。这在焊接一些大转角焊缝时必须注意。

再现时,弧焊机器人控制器将自动逐条读取示教命令和其他相关数据,进行解读、计算;做出判断后,将相应控制信号和数据送至各关节伺服系统,驱动弧焊机器人精确地再现示教动作,这个过程称为"自动翻译"。

3. 弧焊机器人工作站的外围设备

弧焊机器人工作站外围设备包括焊接电源(见图 8-6)、送丝机构(见图 8-7)、焊枪(见图 8-8)、剪丝器、焊枪清理装置(由剪丝机构、清枪机构(见图 8-9)和喷油机构组成)、保护气装置。这些设备在弧焊机器人控制柜的控制下与弧焊机器人工作站系统配合完成弧焊任务。

图 8-6 焊接电源

图 8-7 送丝机构

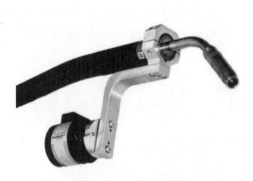

图 8-8 焊枪

图 8-9 清枪机构

焊接电源是弧焊机器人工作站系统中最重要的设备,因为焊接电源的性能强烈影响着焊接质量。一台能够精确控制电压、电流的焊接电源肯定能更好地控制焊接质量。焊接电源能与弧焊机器人控制柜通过 I/O 通信,焊接信号和焊接参数通过工业机器人控制柜传递给焊接电源。

送丝机构保证在焊接过程中,不断均匀送入焊丝以补充焊丝的消耗。在送丝过程中,送丝机构应保证送丝的稳定、均匀,否则容易卡住送丝机构,从而造成送丝困难,影响焊接质量。送丝机构绑定在弧焊机器人上,其大小、重量对弧焊机器人的空间运动有着一定的影响,太大和太重的送丝机构往往会增大弧焊机器人的负荷,增大弧焊机器人的运动惯性,从而降低弧焊机器人运动时的稳定性和精确性。

剪丝机构采用焊枪自触发结构设计,不需要再使用电磁阀对它进行控制,简化了电气控制。在焊枪工作一段时间后,其内部可能存在一些焊渣,为了保证焊接质量,需要通过清枪机构定期清理焊渣。硅油能更好地到达焊枪喷嘴的内表面,确保焊渣与喷嘴不会发生死粘连。清枪喷硅油装置设计在清枪机构中,弧焊机器人通过一个动作就可以完成喷硅油和清枪的过程。在控制上清枪喷硅油装置仅需要一个启动信号就可以按照规定好的动作顺序启动。

目前使用较多的焊接保护气是二氧化碳保护气和氩保护气。这两种保护气有其各自的优缺点。由于二氧化碳气体热物理性能的特殊影响,使用常规焊接电源时,焊丝端头熔化金属不可能形成平衡的轴向自由过渡,通常需要采用短路和熔滴缩颈爆断的措施。因此,与 MIG 保护焊自由过渡相比,二氧化碳气体保护焊飞溅较多。但如果采用优质焊机,且参数选择合适,二氧化碳气体保护焊可以得到很稳定的焊接过程,使飞溅降低到最小的程度。由于所用保护气体价格低廉,采用短路过渡时焊缝成形良好,加上使用含脱氧剂的焊丝即可获得无内部缺陷的高质量焊接接头,因此二氧化碳气体保护焊目前已成为黑色金属材料最重要的焊接方法之一。使用氩保护气时,氩保护气不参与熔池的冶金反应,因此氩气体保护焊适用于各种质量要求较高或易氧化的金属材料,如不锈钢、铝、钛、锆等的焊接 ,但成本较高。也有保护气体以氩为主,加入适量的二氧化碳(15%～30%)或氧气(0.5%～5%)。与二氧化碳气体保护焊相比,这种保护焊焊接规范较宽,成形较好,质量较佳;与熔化极惰性气体保护焊相比,这种保护焊熔池较活泼,冶金反应较佳。

考虑到一些特殊零件的焊接,如圆管的环缝焊,弧焊机器人工作站系统采用带外部回转轴的变位机(见图 8-10)与弧焊机器人协同运动的方式来保证最佳的焊接姿态。外部回转轴可以单独转动,也可以与弧焊机器人保持一定的速度关系协同转动。使用外部回转轴让弧焊机器人在焊接时可以轻松到达一些以往难以到达的位置,外部轴回转同样可以与弧焊机器人协作,以获得具有特殊形状的焊缝。在外部回转轴上固定着工件夹具,工件夹具根据工件定制,对工件起固定作用。

图 8-10 变位机

为了使弧焊机器人工作站具有更大的柔性,不少弧焊机器人工作站系统开始采用一台工业机器人夹持工件,另一台工业机器人进行作业的方式。其中夹持工件的工业机器人又称为夹持机器人,进行作业的机器人又称为作业机器人。由于工业机器人灵活性大,所以不用针对不同工件设计专用夹具,同时,夹持机器人自身也有很高的自由度,可以与作业机器人相配合,二者协同进行各种复杂轨迹的作业。这也是目前弧焊机器人工作站系统的发展方向。但是这种方式也存在着缺点,即由于夹持机器人的夹头不能夹持太重的工件,所以一些大型的工件无法通过这种方式完成焊接。这种工作方式适合小而复杂的工件,由于采用了夹持机器人,可以在同一个工作站内针对不同的工件进行作业,与传统夹具相比有着很大的优势。

还有一种降低生产成本、提高弧焊机器人工作站柔性化程度的方式,就是采用工具转换器这一外围设备。这也是弧焊机器人工作站系统的一个发展方向。工具转换器适用于弧焊机器人在工作中需要变换作业工具的场合。在实际生产中,弧焊机器人工作站遇到的一个很频繁的问题就是一个工件往往需要经过多种焊接工艺才能完成焊接,比如一个汽车盖板,往往需要点焊和螺柱焊这两种焊接工艺。如果不采用工具转换器,就必须使用两个弧焊机器人工作站,一个对工件做点焊,一个对工件做螺柱焊,这不仅增加了投入成本(因为增加了一个工业机器人工作站),并且工件不能一次性焊接完成,降低了生产效率。工具转换器的出现解决了这一问题,做完螺柱焊后,只需进行转换焊枪的操作,即可完成工作。工具转换器的结构分为两个部分,一部分安装在弧焊机器人的法兰盘上,另一部分安装在作业工具上,工作时,将相应的转换器结构对接,实现水电气的无缝结合。目前工具转换器大多采用模块化设计,实际中需要的模块,比如额外的通信模块、额外的强电模块等,可以单独配置,极大地丰富了弧焊机器人的应用范围。

操作控制盒是操作人员直接和弧焊机器人进行人机交互的设备。通过使用操作控制盒,操作人员能够简单高效地对弧焊机器人进行控制。操作控制盒上一般设有伺服接通、报警指示、紧急停止、系统启动、异常复位等按钮,以完成不同的控制功能。

中大型的弧焊机器人工作站往往会配有专门的PLC控制器,专门的PLC控制器能够提供更加复杂的功能、更加可控的操作和更加人性化的人机界面。常用的PLC厂家如西门子公司、欧姆龙公司等拥有具有强大功能的专用的PLC编辑器。专门的PLC控制器在工厂环境中起到维护着整个弧焊机器人工作站的稳定和高效的作用。

另外,弧焊机器人工作站还有其他一些常见的外围设备,比如三色灯、蜂鸣器等,这些外围设备用于为弧焊机器人工作站系统提供一些辅助功能。

4. 弧焊机器人技术的发展趋势

1) 光学式焊接传感器

当前较为普及的焊缝自动跟踪传感器为电弧传感器。但在进行焊枪不宜抖动的薄板焊接或对焊时,电弧传感器具有局限性。因此,检测焊缝采用下述三种方法:第一种,把激光束投射到工件表面,通过光点位置检测焊缝;第二种,让激光透过缝隙,然后投射到与焊缝正交的方向,通过工件表面的缝隙光迹检测焊缝;第三种,用CCD摄像机直接监视焊接熔池,根据弧光特征检测焊缝。目前光学式焊接传感器有若干课题尚待解决,例如光源和接收装置(CCD摄像机)必须做得很小很轻才便于安装在焊枪上,光源投光与弧光、飞溅、环境光源的隔离技术等。

2）标准焊接条件设定装置

为了保证焊接质量,在作业前应根据工件的坡口、材料等情况正确选择焊接条件(包括焊接电流、焊接电压、焊接速度、焊枪角度和接近位置等)。以往的做法是按各组件的情况凭经验试焊,找出合适的焊接条件。这样时间和劳动力的投入都比较大。目前一种标准焊接条件设定装置已经问世并进入实用阶段。它利用微机事先把各种焊接对象的标准焊接条件存储下来,作业时以人机对话的形式从中加以选择即可。

3）离线示教

离线示教大致有两种方法:一种是在生产线外另外安装一台主导工业机器人,用它模仿焊接作业的动作,然后将制成的示教程序传送给生产线上的弧焊机器人;另一种是借助计算机图形技术,在 CRT 上按工件与工业机器人的配置关系对焊接动作进行仿真,然后将示教程序传给生产线上的弧焊机器人。需要提请注意的是,后一种方法还遗留若干课题有待今后进一步研究,如工件和周边设备图形输入的简化,弧焊机器人、焊枪和工件焊接姿态检查的简化,焊枪与工件干涉检查的简化等。

4）逆变电源

在弧焊机器人工作站系统的周边设备中有一种逆变电源,它由于靠集成在机内的控制器来控制,因此能极精细地调节焊接电流。它将在加快薄板焊接速度、减少飞溅、提高效率等方面发挥作用。

8.1.3 点焊机器人工作站

点焊机器人在汽车焊装生产线中被大量使用,用于焊接车门、底板、侧围、车身总成等。点焊机器人工作站在目前的汽车生产线中多为多台点焊机器人同时作业,生产线两侧排列多台点焊机器人,输送机械将车体传送到不同工位后,多台点焊机器人同时进行作业,形成流水作业,大大提高了工作效率。汽车焊装生产线可以按照工位划分成多个工作站,每个工作站由点焊机器人、点焊机器人控制柜、工装夹具、焊接系统(包括焊钳、焊接电源)、气动系统、冷却系统组成,有时还需快换装置,以在焊接过程中换装不同的焊钳。整条汽车焊装生产线还需中央控制器(PLC 或计算机)。

一般装配一台汽车的车体需要完成 3 000～4 000 个焊点,而其中的 60% 是由点焊机器人完成的。在有些大批量汽车生产线上,服役的点焊机器人高达 150 台。汽车工业引入点焊机器人已取得了下述明显效益:改善多品种混流生产的柔性;提高焊接质量;提高生产率;把工人从恶劣的作业环境中解放出来。今天,点焊机器人成为汽车生产行业的支柱之一。

1. 点焊原理

点焊是一种将被焊接材料重叠后用电极加压,在短时间内通以大电流,使加压部分局部熔化实现结合的电阻焊接方法。点焊原理如图 8-11 所示。

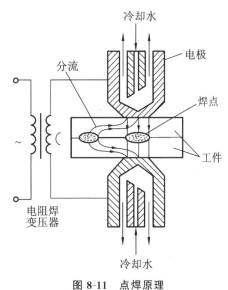

图 8-11 点焊原理

熔融的结合部位被称为熔核,形成熔核的焊接条件为电极前端的直径、施加的压力、焊接电流、通电时间等。与其他焊接相比,点焊的条件相对简单。

2. 点焊机器人工作站的组成

点焊机器人工作站主要包括点焊机器人本体、点焊机器人控制器、焊钳(含阻焊变压器),以及水、电、气等辅助部分组成。点焊机器人工作站系统原理图如图 8-12 所示,点焊机器人工作站的组成和组成设备列表分别如图 8-13、表 8-1 所示。

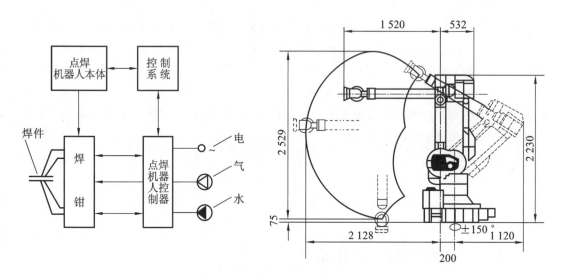

图 8-12 点焊机器人工作站系统原理图

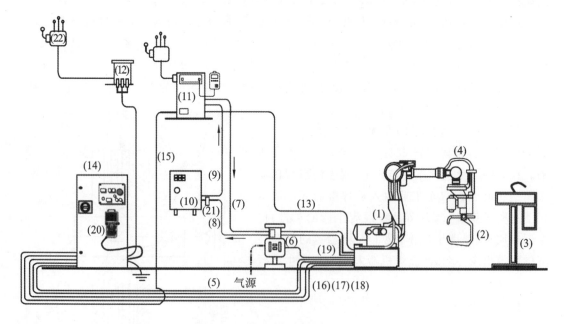

图 8-13 点焊机器人工作站的组成

表 8-1　点焊机器人工作站的组成设备表

设 备 代 号	设 备 名 称	设 备 代 号	设 备 名 称
（1）	点焊机器人本体（ES165D）	（12）	点焊机器人变压器
（2）	伺服焊钳	（13）	焊钳供电电缆
（3）	电极修磨机	（14）	点焊机器人控制柜 DX100
（4）	手首部集合电缆（GISO）	（15）	点焊指令电缆（I/F）
（5）	焊钳伺服控制电缆 S1	（16）	点焊机器人供电电缆 2BC
（6）	气/水管路组合体	（17）	点焊机器人供电电缆 3BC
（7）	焊钳冷水管	（18）	点焊机器人控制电缆 1BC
（8）	焊钳回水管	（19）	焊钳进气管
（9）	点焊控制箱冷水管	（20）	点焊机器人示教器（PP）
（10）	冷水阀组	（21）	冷却水流量开关
（11）	点焊控制箱	（22）	电源提供

3. 点焊机器人焊接条件

焊接电流、通电时间和电极加压力被称为点焊机器人焊接的三大条件。在点焊机器人焊接过程中，这三大条件互相作用，具有非常紧密的联系。

1）焊接电流

焊接电流是指点焊机器人变压器的二次回路中流向焊接母材的电流。在普通的单相交流式电焊机中，在点焊机器人变压器的一次侧流通的电流，将乘以与点焊机器人变压器线匝比（指一次侧的线匝数 N_1 和二次侧的线匝数 N_2 的比，即 N_1/N_2）后流向点焊机器人二次侧。在合适的电极加压力下，大小合适的电流在合适的时间范围内导通后，接合母材间会形成共同的熔合部，在冷却后形成接合部（熔核）。但是，电流过大会导致熔合部飞溅出来（飞溅）以及电极黏结在母材（熔敷）等故障现象。此外，还会导致熔接部位变形过大。

2）通电时间

通电时间是指焊接电流导通的时间。在焊接电流值固定的情况下改变通电时间，会导致焊接部位所能够达到的最高温度不同，从而导致形成的接合部大小不一。一般而言，选择小的焊接电流值、延长通电时间不仅会造成大量的热量损失，而且会导致对不需要焊接的地方进行加热。特别是对像铝合金等热传导率好的材料以及小零件等进行焊接时，必须使用充分大的焊接电流，在较短的时间内焊接。

3）电极加压力

电极加压力是指加载在焊接母材上的压力。电极加压力起到了接合部位位置的夹具的作用，同时电极本身起到了保证焊接电流导通稳定的作用。设定电极加压力时，有时也会采用在通电前进行预压、在通电过程中进行减压、在通电末期再次增压等特殊的方式。电极加压力的具体作用包括破坏表面氧化污物层、保持良好的接触电阻、提供促进焊件熔合的压力、热熔时形成塑性环、防止周围气体侵入、防止液态熔核金属沿板缝向外喷溅。此外，还有一个影响到熔核直径大小的条件,那就是电极顶端直径(面积)。焊接电流值固定不变时,电极顶端直径(面积)越大,焊接电流的密度则越小,在相同时间内可以形成的熔核直径也就越小。

好的焊接条件是指焊接电流、通电时间合适,能够形成与电极顶端直径相同的熔核。此外,焊接母材的板材厚度的组合在某种程度上也决定了熔核直径的大小。因此,板材厚度的组合决定了,则使用的电极顶端直径也就决定了,相关的电极加压力、焊接电流以及通电时间的组合也可以决定了。如果想要形成比板材厚度还大的熔核,则需要选择具有更大顶端面积的电极,当然同时还需要使用较大的焊接电流以保证获得所需的电流密度。

4. 点焊机器人焊钳

焊钳是指将点焊用的电极、焊枪架、加压装置等紧凑汇总的焊接装置。点焊机器人焊钳从用途上可分为 C 形焊钳(见图 8-14)和 X 形焊钳(见图 8-15)两种。C 形焊钳用于点焊垂直位置及近于垂直的倾斜位置的焊缝,X 形焊钳则主要用于点焊水平位置及近于水平的倾斜位置的焊缝。点焊机器人焊钳安装在点焊机器人末端,是受焊接控制器与点焊机器人控制器控制的一种焊钳。点焊机器人焊钳具有环保、焊接时轻柔接触工件、低噪声、能提高焊接质量、有超强的可控性等特点。

图 8-14　C 形焊钳

图 8-15　X 形焊钳

5. 点焊机器人选用或引进注意事项

选用或引进点焊机器人时,必须注意以下几点。

(1) 必须使点焊机器人实际可达到的工作空间大于焊接所需的工作空间。焊接所需的工作空间由焊点位置和焊点数量确定。

(2) 点焊速度与生产线生产速度必须匹配。首先根据生产线生产速度和焊点数量确定单点工作时间,而点焊机器人的单点焊接时间(含加压时间、通电时间、维持时间、移位时间等)必须小于此值,即点焊速度应大于或等于生产线生产速度。

(3) 按工件的形状和种类、焊缝位置选用焊钳。垂直位置及近于垂直的倾斜位置的焊缝选用 C 形焊钳,水平位置及近于水平的倾斜位置的焊缝选用 X 形焊钳。

(4) 应选内存容量大、示教功能全、控制精度高的点焊机器人。

(5) 需采用多台点焊机器人时,应确定是否采用多种型号,并考虑与多点焊机及简易直角坐标工业机器人并用等问题。当点焊机器人间隔较小时,应注意动作顺序的安排,可通过点焊机器人群控或相互间的连锁作用避免干涉。

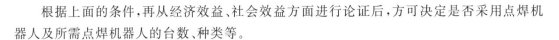

根据上面的条件,再从经济效益、社会效益方面进行论证后,方可决定是否采用点焊机器人及所需点焊机器人的台数、种类等。

6. 点焊机器人技术的发展动向

目前正在开发一种新的点焊机器人工作站系统。这种系统力图把焊接技术与 CAD 技术、CAM 技术完美地结合起来,以提高生产准备工作的效率,缩短产品设计投产的周期,从而取得更高的效益。该系统拥有关于汽车车体结构信息、焊接条件计算信息和点焊机器人机构信息的数据库,CAID 系统利用该数据库可方便地进行焊枪选择和点焊机器人配置方案设计。至于示教数据,则通过网络、磁带或软盘输入点焊机器人控制器。点焊机器人控制器具有很强的数据转换功能,能针对点焊机器人本身不同的精度和工件之间的相对几何误差及时进行补偿,以保证足够的工程精度。与传统的手工设计、示教系统相比,该系统可以节省 50% 的工作量,把设计至投产的周期缩短。现在点焊机器人正在向汽车行业之外的电机、建筑机械行业普及,能适应该系统的焊接机器人正在开发中。

8.1.4　装配机器人工作站

装配是产品生产的后续工序,在制造业中占有重要地位,在人力、物力、财力消耗中占有很大比例。作为一项新兴的工业技术,装配机器人应运而生。装配机器人是指在工业生产中,用于装配生产线上对零件或部件进行装配的机器人。它属于高、精、尖的机电一体化产品,是集光学技术、机械技术、微电子技术、自动控制技术和通信技术于一体的高科技产品,具有很高的功能和附加值。

装配机器人在工业机器人各应用领域中只占很小的份额。究其原因,一方面,装配操作本身比焊接、喷涂、搬运等复杂;另一方面,工业机器人装配技术目前还存在一些亟待解决的问题。例如对装配环境要求高,装配效率低,缺乏感知与自适应的控制能力,难以完成变动环境中的复杂装配,对装配机器人的精度要求较高,易出现装不上或卡死现象。尽管存在上述问题,但由于装配具有重要的意义,装配领域仍将是未来工业机器人技术发展的焦点之一。

1. 装配机器人工作站的组成

装配机器人由主体、驱动系统和控制系统三个基本部分组成。主体即机座和执行机构,包括臂部、腕部和手部。大多数装配机器人有 3~6 个自由度,其中腕部通常有 1~3 个自由度。驱动系统包括动力装置和传动机构,用于使执行机构产生相应的动作。控制系统按照输入的程序对驱动系统和执行机构发出指令信号,并进行控制。

带有传感器的装配机器人可以更好地顺应对象进行柔性的操作。装配机器人经常使用的传感器有视觉传感器、触觉传感器、接近觉传感器和力传感器等。视觉传感器主要用于零件或工件的位置补偿,零件的判别、确认等。触觉传感器和接近觉传感器一般固定在指端,用来补偿零件或工件的位置误差,防止碰撞等。力传感器一般装在腕部,用来检测腕部受力情况,一般在精密装配或去飞边这一类需要力控制的作业中使用。

装配机器人进行装配作业时,除装配机器人主机、手爪、传感器外,零件供给装置和工件搬运装置也尤为重要。无论是从投资的角度来看还是从安装占地面积的角度来看,它们都比装配机器人主机所占的比例大。周边设备常用可编程控制器控制,此外一般还要有台架和安全栏等设备。

(1) 零件供给装置。

零件供给装置主要有给料器和托盘等。

给料器:用振动或回转机构把零件排齐,并将零件逐个送到指定位置。

托盘:大零件或者容易磕碰划伤的零件加工完毕后一般应放在被称为托盘的容器中运输,托盘能按一定的精度要求把零件放在给定的位置上,然后由装配机器人一个一个地取出。

(2) 工件搬运装置。

在机器人装配线上,工件搬运装置承担把工件搬运到各作业地点的任务。工件搬运装置中以传送带居多。工件搬运装置的技术问题是停止精度、停止时的冲击和减速振动问题。减速器可用来吸收冲击能。

2. 常见的装配机器人

常见的装配机器人有水平多关节型工业机器人、直角坐标工业机器人和垂直多关节型工业机器人。

1) 水平多关节型工业机器人

水平多关节型工业机器人(见图 8-16)是装配机器人的典型代表。它共有两个回转关节的回转,上下移动和手腕的转动四个自由度。最近开始在一些水平多关节型工业机器人上装配各种可换手爪,以增加通用性。可换手爪主要有电动手爪和气动手爪两种:气动手爪相对来说比较简单,价格便宜,因而在一些要求不太高的场合用得比较多;电动手爪造价比较高,主要用在一些特殊场合。

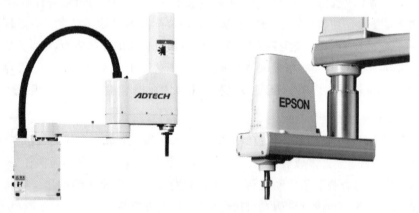

图 8-16　水平多关节型工业机器人

2) 直角坐标工业机器人

直角坐标工业机器人(见图 8-17)具有三个直线移动关节,空间定位只需要三轴运动,末端姿态不发生变化。该工业机器人的种类繁多,从小型、廉价的桌面型到较大型应有尽有,而且可以设计成模块化结构以便加以组合,是一种很方便的工业机器人。它的缺点是虽然结构简单,便于与其他设备组合,但与其占地面积相比,工作空间较小。

3) 垂直多关节型工业机器人

垂直多关节型工业机器人(见图 8-18)通常是由转动和旋转轴构成的六自由度工业机器

图 8-17 直角坐标工业机器人

人,它的工作空间与占地面积之比是所有工业机器人中最大的,控制 6 个自由度就可以实现位置和姿态的定位,即在工作空间内可以实现任何姿态的动作。因此,它通常用于多方向的复杂装配作业,以及有三维轨迹要求的特种作业场合。垂直多关节型工业机器人的关节结构比较容易密封,因此在 10 级左右的洁净间内多采用该类型工业机器人进行作业。垂直多关节型工业机器人的手臂长度通常选择 500(近似人的臂长)～1 500 mm。

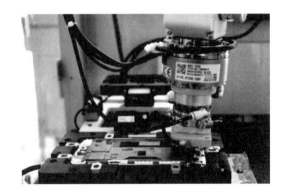

图 8-18 垂直多关节型工业机器人

3. 装配工序引入装配机器人的优点

装配工序引入装配机器人的优点如下。

1) 系统的性能价格比高

由于没有辊轮等移载装置、搬运装置,所以缩短了设计和调试周期。装配机器人采用标准产品,质量可靠,提高了整套设备的可靠性。由此可知,通过充分挖掘装配机器人的功能,减少周边设备,可以提高系统的性能价格比。

2) 提高系统的柔性

由于装配机器人的程序和示教内容可以变更且修改方便(即使是在系统运行中,也可以对产品设计或工序进行变更),装配工序引入装配机器人可提高系统的柔性。

3) 便于工艺改革

引入装配机器人后,现场操作人员能够根据对装配机器人的动作观察,随时修改装配机器人的程序,从而可以缩短生产周期,降低废品率,提高生产率。由专用设备组成的生产线是做不到的这一点的,因为对于由专用设备组成的生产线无论是变更夹具还是变更机械设备都很困难。

4）提高设备的运转率

一般来说,产品模具的使用寿命到期后,专用设备也就报废了。但换成装配机器人后,它还可以重新构成其他设备。新设备购入后可以立即与二手装配机器人组合并投入使用,从而可以提高设备的运转率。

4. 装配机器人的发展趋势

目前在工业机器人领域正在加大科研力度,进行装配机器人共性技术及关键技术的研究。装配机器人的研究内容主要集中在以下几个方面。

（1）装配机器人操作机构的优化设计技术。探索新的高强度轻质材料,进一步提高负载自重比,同时机构进一步向着模块化、可重构方向发展。

（2）直接驱动装配机器人。传统的工业机器人都要通过一些减速装置来降速并提高输出力矩,这些传动链会增加系统的功耗,增大系统的惯量、误差等,并降低系统的可靠性。为了减小关节惯性,实现高速、精密、大负载及高可靠性,一种趋势是采用高扭矩低速电机直接驱动装配机器人。

（3）装配机器人控制技术。重点研究开放式、模块化控制系统,使人机界面更加友好,语言、图形编程界面正在研制之中。装配机器人控制器的标准化和网络化,以及基于个人计算机的网络式控制器已成为研究热点。在编程技术方面,除进一步提高在线编程的可操作性之外,离线编程的实用化的完善成为研究重点。

（4）多传感器融合技术。对于进一步提高装配机器人的智能化和适应性,多种传感器的使用是关键。多传感器融合技术的研究热点在于有效可行的多传感器融合算法,特别是在非线性及非平稳、非正态分布的情形下的多传感器融合算法,以及传感系统的实用化。

（5）装配机器人的结构要求更加灵巧,控制系统越来越小,二者正朝着一体化方向发展。

（6）装配机器人遥控及监控技术、装配机器人半自主和自主技术。对于多台装配机器人和操作人员之间的协调控制,通过网络建立大范围内的装配机器人遥控系统来实现,在有时延的情况下,通过预先显示进行遥控等。

（7）虚拟装配机器人技术。基于多传感器、多媒体和虚拟现实以及临场感技术,实现装配机器人的虚拟遥操作和人机交互。

（8）智能装配机器人。装配机器人的一个目标是实现工作自主,因此要利用知识规划、专家系统等人工智能研究领域的成果,开发出能在各种装配工作站工作的智能装配机器人。

（9）并联工业机器人。传统的工业机器人采用连杆和关节串联结构,而并联工业机器人具有非累积定位误差。与串联工业机器人相比,并联工业机器人执行机构的分布得到改善,结构紧凑,刚性提高,承载能力增加,而且其逆位置问题比较直接,奇异位置相对较少,所以近些年来并联工业机器人倍受重视。

（10）协作装配机器人。随着装配机器人应用领域的扩大,对装配机器人提出了一些新要求,如多台装配机器人之间的协作,同一台装配机器人双臂的协作,甚至人与装配机器人的协作,这对于重型或精密装配任务来说非常重要。

（11）多智能体(mult-iagent)协调控制技术。这是目前装配机器人研究的一个崭新领域，主要对多智能体的群体体系结构、相互间的通信与磋商机理、感知与学习方法、建模和规划、群体行为控制等方面进行研究。

8.2 工业机器人自动线

工业机器人是指面向工业领域的多关节的机械手或多自由度的机器装置，也是一种极为智能的机械加工辅助手段，是 FMS(柔性制造系统)和 FMC(柔性制造单元)的重要组成部分。在智能制造柔性生产线中，工业机器人可实现制造工艺过程中所有的零件抓取、上料、下料、装夹、零件移位和翻转、零件调头等，特别适用于大批量小零部件的加工，能够极大地节约人工成本，提高生产效率。

8.2.1 工业机器人自动线的组成和优势

1. 工业机器人自动线的组成

不同类型的工业机器人自动线由于生产的产品不同，大小不一，结构有别，功能各异。自动线由机械本体部分、检测及传感器部分、控制部分、执行机构部分和动力源部分五个部分组成。从功能的角度来看，所有的工业机器人自动线都应具备最基本的四大功能，即运转功能、控制功能、检测功能和驱动功能。

运转功能在工业机器人自动线中依靠动力源来实现。控制功能在工业机器人自动线中是由微机、单片机、可编程控制器或其他一些电子装置来实现的。在工作过程中，设在各部位的传感器把信号检测出来，控制装置对信号进行存储、运输、运算、变换等，然后通过相应的接口电路向执行机构发出命令，驱动执行机构完成必要的动作。检测功能主要由位置传感器、直线位移传感器、角位移传感器等各种传感器来实现。传感器收集工业机器人自动线上的各种信息，如位置信息、温度信息、压力信息、流量信息等，并将其传递给信息处理部分。驱动功能主要由电动机、液压缸、气压缸、电磁阀、机械手或工业机器人等执行机构来实现。整个工业机器人自动线的主体是机械本体部分。工业机器人自动线的控制部分主要用于保证线内的机床、工件传送系统，以及辅助设备按照规定的工作循环和连锁要求正常工作，并设有故障寻检装置和信号装置。为适应工业机器人自动线的调试和正常运行的要求，控制部分有调整、半自动和自动三种工作状态。在调整状态下可手动操作和调整，实现单台设备的各个动作，在半自动状态下可实现单台设备的单循环工作，在自动状态下自动线能连续工作。

2. 工业机器人自动线的优势

采用工业机器人自动线进行生产的产品应有足够大的产量；产品设计和工艺应先进、稳定、可靠，并在较长的时间内保持基本不变。在大批、大量生产中采用工业机器人自动线能提高劳动生产率，稳定和提高产品的质量，改善劳动条件，减小生产占地面积，降低生产成本，缩短生产周期，保证生产均衡性，获得显著的经济效益。

在自动线中引入工业机器人具有以下优势：

（1）提高生产效率和产品质量。工业机器人可迅速地从一个作业位置移动到下一个作业位置，尤其是垂直多关节型工业机器人、水平多关节型工业机器人可实现高速移动。与人工相比，工业机器人能够二十四小时不间断工作，并且可提高产品质量，降低劳动力成本。

（2）可充分发挥柔性制造系统的通用性。工业机器人自动线可轻松适应多种机型，便于转换到新机型，随意改变工业机器人的动作，充分发挥柔性制造系统的通用性。

（3）调试时的故障少，可缩短调试时间，系统调试可很快完成。与人工相比，工业机器人属于高自由度的通用产品，可靠性高，且能灵活适应新系统。

（4）引入工业机器人可大大降低劳动力成本，并把操作人员从简单的作业中解放出来。

8.2.2　冲压机器人自动线

工业机器人是一种新型的机械设备。它在冲压自动生产线上的应用，对汽车的生产制造起着很重要的作用。工业机器人主要依靠设备的控制能力和自身的运动动力来实现生产功能，它不仅能直接听从人的指挥，而且能根据预先设置的程序运行。冲压机器人是工业机器人中的一种，主要运用于冲压自动线；冲压机器人的控制系统是由冲压控制系统和基本控制系统两个部分组成的。其中冲压控制系统用来实现冲压自动线上的一些特殊功能，是一个根据实际操作需要而开发的专用模块。

1. 冲压自动线中的工业机器人应用

在冲压自动线中，工业机器人通常用于较为恶劣的工作环境下，用以完成难度较大、危险系数高的工作。工业机器人的出现，在很大程度上减轻了人类手工操作的工作量。工业机器人在冲压自动线生产过程中的运行方式具体如图 8-19 所示。

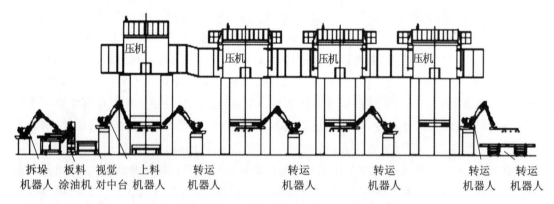

图 8-19　工业机器人在冲压自动线生产过程中的运行方式

2. 冲压机器人自动线的机械组成

冲压机器人自动线的机械组成包括上下料运输系统（见图 8-20）、拆垛分张系统（见图 8-21）和线尾检验码垛系统（见图 8-22）。其中，上下料运输系统又包括上下料机器人、端拾器、机器人机座等，拆垛分张系统包括拆垛小车、拆垛机器人、磁性皮带机、板料清洗机、板料涂油机、视觉对中台等，线尾检验码垛系统包括线尾皮带机、检验照明台等。

图 8-20　上下料运输系统　　　图 8-21　拆垛分张系统　　　图 8-22　线尾检验码垛系统

拆垛小车主要应用在上料区和上料后停放的固定位置,可以为拆垛机器人的取料提供方便。磁性皮带机按照实际位置的不同分为导入式皮带机和导出式皮带机两种。导入式皮带机的运行原理为将拆垛机器人取出的物料传送至板料涂油机中,导出式皮带机的运行原理为将板料按照一定的速度送至视觉对中台。两者具有共性,在基本原理上没有太大差异。板料涂油机通常在板件存在较大的拉延率的情况下,在板料拉延这一工序上,进行具体板料的涂油工作,简单来说,就是通过板料涂油机,在板料表层进行相应的拉延油涂抹,消除冷轧钢板上的滑移线,保证最终加工完毕的板件的表面质量达到标准要求,使其具备合格的润滑性能,并提升冲压钢板的防锈能力。视觉对中台通常使用机械对中台,机械对中台可以方便地进行固定或者移动,也可以采用视觉对中或者重力对中的对中方式。拆垛机器人在运行中会根据板料实际的对中位置,进行运动轨迹的自适应调整,从而快速而准确地将板料搬运到压力机内。

3. 冲压机器人自动线的控制系统

控制系统是工业机器人在冲压机器人自动线中运行的核心系统,这一核心系统主要用来保证冲压机器人自动线上的各个部件能在统一协调管理下正常工作。另外,控制系统自身的一些性能对冲压机器人自动线的整体效率和生产制作的自动化程度有着直接影响。控制系统由监控系统、连线控制系统和安全防护系统组成。监控系统与冲压机器人自动线的监控管理相对应,连线控制系统针对自动化生产的整个生产流程进行控制,安全防护系统对生产流程的安全负责。

4. 冲压机器人自动线的优势

(1) 生产速度高。提高工业机器人的作业速度和冲压机的作业速度以及优化工业机器人和冲压机的程序,减少二者的等待时间间隔,可以提高冲压机器人自动线的节拍。具体来说,送料时修改工业机器人的程序,在工业机器人未完全退出时即呼叫冲压机启动,当冲压机下行到一定位置时,冲压机将检测工业机器人是否完全退出,若未退出冲压机立即停机,保证设备的安全;取料时修改冲压机的程序,在冲压机未到上死点时,即呼叫工业机器人启动,当冲压机停到上死点时,工业机器人已经吸气取料。

(2) 冲压机器人自动线上新工件时,调试速度快。机械手式的全自动线调试一个工件

（制端拾器和编程等）共需 3 天左右的时间,而冲压机器人自动线调试一个工件仅需 1 天的时间。

（3）工件质量高。在冲压机器人自动线中,下料机器人从前一工位取料并将其放到清洗机上,清洗加油完成并送到位后,后一工位的工业机器人再从定位台上取料并将其放入模具,工业机器人从上一工位取料后直接放入下一工位,减少了中间环节,工件质量高,特别对外观件有重要意义。

（4）工业机器人编程方便、快捷。由于每台工业机器人都有一个手提式的示教器,用户界面友好,编程人员可以灵活、快速地编程。

（5）柔性大。工业机器人最大的特点是柔性大,可以单轴运动,也可以六轴联动完成各种复杂的空间运动,其轨迹既可以是各个空间方向上的直线、圆周,也可以是各种规则或不规则空间曲线。无论采用何种结构的模具,工业机器人皆可轻松地上料、取料。

8.2.3　包装码垛机器人自动线

包装码垛机器人自动线是一个典型的机电一体化系统。所谓机电一体化系统,是指在系统的主功能、信息处理功能和控制功能等方面引进了电子技术,并把机械装置、执行部件、计算机等电子设备和软件等有机结合而构成的系统,即机械、执行、信息处理、接口和软件等部分在电子技术的支配下,以系统的观点进行组合而形成的一种新型机械系统。机电一体化系统由机械系统（机构）、电子信息处理系统（计算机）、动力系统（动力源）、传感检测系统（传感器）、执行元件系统（如电机）等五大子系统组成。机电一体化系统的一大特点是其微电子装置取代了人对机械的绝大部分的控制功能,并加以延伸和扩大,克服了人体能力的不足和弱点;另一大特点是节省能源和材料。

包装码垛机器人自动线主要应用于化工、粮食、食品及医药等行业中的粉、粒、块状物料的全自动包装。包装码垛机器人自动线如图 8-23 所示。包装码垛机器人自动线可分为包装部分和码垛部分。包装部分实现定量称重、自动供袋、装袋、夹口整形、折边缝口、金属检测、重量复检等功能,码垛部分实现转位编组、推袋压袋、码垛及垛盘的提供和垛盘的输送等功能。

图 8-23　包装码垛机器人自动线

1. 包装码垛机器人自动线的组成

包装码垛机器人自动线一般由倒包线、提升线、整形线、抓取线、码垛机器人五个部分构成，如图 8-24 所示。对其各部分的工作过程和主要功能阐述如下。

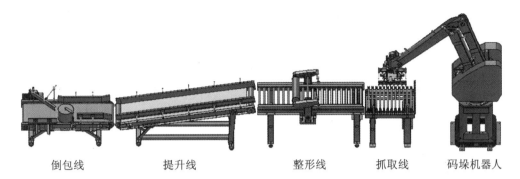

倒包线　　　　　提升线　　　　　整形线　　　抓取线　　码垛机器人

图 8-24　包装码垛机器人自动线的组成

从称量秤、缝包机等客户末端出来的袋装产品均为站立式。包装袋通过输送机，到达倒包线（见图 8-25）时，会接触到倒包横梁，并倒在倒包板上，通过防滑输送带的传送和导向滚筒的导向，自动调整为长度方向与流水线平行的纵向输送。通常倒包线的高度是可以调整的。当包装袋的长度、称量秤输送线的高度有更改时，倒包线可以通过其自动升降按钮来驱动自身的升降电机，做高度的自动调整。

为了最大限度地发挥码垛机器人的功效和码垛能力，可增加提升线（见图 8-26），以将从倒包线出来的包装袋提升到某一统一高度。为了配合倒包线的自动升降，提升线段有自动升降按钮，可以调节升降电机使单边提升高度与前段平齐，保证后端高度不变。

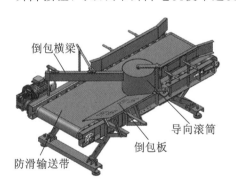

倒包横梁

导向滚筒

倒包板

防滑输送带

图 8-25　倒包线

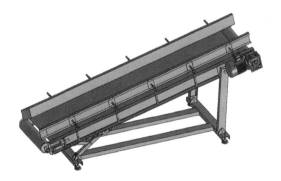

图 8-26　提升线

包装袋从提升线出来后，进入整形线（见图 8-27）。整形线的作用是将包装袋整平，使其末端码成的垛形美观、整齐。整形线由压包整形和振动整形两个部分组成。包装袋由包胶托辊输送，通过压包滚筒被压平。压包滚筒由高刚性弹簧提供压力，工作高度可调，能保证极好的压平效果，使用寿命较长，且不会破坏包装袋和产品。包装袋从压包滚筒出来后由方辊振动整形输送，最后出来的包装袋整齐、美观。

包装袋从整形线出来后被输送到抓取线（见图 8-28）。抓取线通采用皮带环绕设计，这种设计除能保证码垛机器人安全、方便地抓取包装袋之外，还能达到静音、节能等效果。

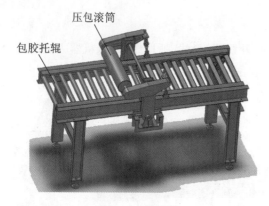

图 8-27　整形线

图 8-28　抓取线

四段输送线通过接近开关配合程序进行控制,能保证各段输送线之间先后有序,自动前进和停止,保证不会出现多个包装袋拥挤在一起的现象,使整条自动线上包装袋均匀分布,有条不紊地前进。

从提取线出来后,包装袋被码垛机器人自动码垛成所要求的剁形。

2. 包装码垛机器人机械手爪

作为包装码垛机器人的重要组成部分之一,机械手爪(也称机械手或机械抓手)的工作性能对包装码垛机器人的整体工作性能具有非常重要的意义。可根据不同的产品,设计不同类型的机械手爪,使得包装码垛机器人具有效率高、质量好、适用范围广、成本低等优势,并能很好地完成包装码垛工作。包装码垛机器人常用的机械手爪主要包括夹抓式机械手爪、夹板式机械手爪、真空吸取式机械手爪和混合抓取式机械手爪。夹抓式机械手爪如图 8-29(a)所示,主要用于高速码装。夹板式机械手爪可分为双夹板式机械手爪(见图 8-29(b))和单夹板式机械手爪(见图 8-29(c))两种,主要用于箱盒码垛;真空吸取式机械手爪如图 8-29(d)所示,主要用于可吸取的码放物;混合抓取式机械手爪主要适用于几个工位的协作抓放。

(a) 夹抓式机械手爪

(b) 双夹板式机械手爪

(c) 单夹板式机械手爪

(d) 真空吸取式机械手爪

图 8-29　包装码垛机器人机械手爪

3. 包装码垛机器人自动线的发展趋势

（1）智能识别不同物体并进行分类、搬运、传送，实现过程自动化。

（2）通过图像识别控制机器的方法，应用到其他领域。

（3）微处理器对机械的准确控制和对目标的准确跟踪。

（4）包装码垛机器人可以利用传感器准确找到并分辨出并已经标记的不同的物体，将物体转运到指定位置，实现寻线、避障、智能分类、装卸、搬运的功能。

◀ 8.3 在生产中引入工业机器人工作站系统的方法 ▶

要在生产中引入工业机器人工作站系统的工程，可按可行性分析、工业机器人工作站或自动线的详细设计、制造与试运行及交付使用 4 个阶段进行。

8.3.1 可行性分析

通常，首先需要对工程进行可行性分析。在引入工业机器人工作站系统之前，必须仔细了解应用工业机器人的目的和主要的技术要求，并至少应在以下 3 个方面进行可行性分析。

1. 技术上的可能性和先进性

可行性分析首先要解决技术上的可能性和先进性问题。为此，必须进行可行性调查，调查内容主要包括用户现场调研和相似作业的实例调查等。在充分取得了调查资料之后，就要规划初步的技术方案，为此要进行以下工作：作业量和作业难度分析；编制作业流程卡片；绘制时序表，确定作业范围并初选工业机器人型号；确定相应的外围设备；确定工程难点并进行试验取证；确定人工干预程度等。最后，提出几个规划方案并绘制相应的工业机器人工作站或自动线的平面配置图，编制说明文件；对各方案进行先进性评估，具体内容包括评估工业机器人工作站系统、外围设备、控制系统、通信系统等的先进性。

2. 投资上的可能性和合理性

根据前面提出的技术方案，对工业机器人工作站系统、外围设备、控制系统和安全保护设施等逐项进行估价，并考虑工程进行中可预见的和不可预见的附加开支，接工程计算方法得到初步的工程造价。

3. 工程实施过程中的可能性和可变更性

在满足前两个方面的可行性之后，接下来便是引入方案，并对方案施工过程中的可能性和可变更性进行分析。这是因为在很多设备、原件等的制造、选购、运输、安装过程中，还可能出现一些不可预见的问题，必须找到发生问题时的替代方案。

在进行上述分析之后，就可对将工业机器人引入工程的初步方案进行可行性排序，得出可行性结论，并确定一个最佳方案，之后再进行工业机器人工作站、自动线的工程设计。

8.3.2 工业机器人工作站或自动线的详细设计

该阶段的具体任务是，根据可行性分析中所选定的初步技术方案，进行详细的设计、开发,进行关键技术和关键设备的局部试验,并绘制施工图、编制说明书。

1. 规划及系统设计

规划及系统设计的主要工作包括设计单位内部任务划分、工业机器人考察和询价、规划单编制、运行系统设计、外围设备(辅助设备、配套设备和安全装置等)能力的详细计划、关键问题解决等。

2. 布局设计

布局设计的主要工作包括工业机器人选用,人机系统配置,作业对象物流路线拟订,电、液、气系统走线设计,操作箱、电气柜位置确定,以及维护修理和安全设施配置等内容。

3. 用于扩大工业机器人应用范围的辅助设备的选用和设计

此项工作的任务包括工业机器人用以完成作业的末端操作器、固定和改变作业对象位姿的夹具和变位机、改变工业机器人动作方向和范围的机座的选用和设计。一般来说,这一部分的设计工作量最大。

4. 配套和安全装置的选用和设计

此项工作主要包括完成作业要求所需的配套设备(如弧焊的焊丝切断和焊枪清理设备等)的选用和设计、安全装置(如围栏、安全门、安全栅等)的选用和设计和现有设备的改造等内容。

5. 控制系统设计

此项工作包括系统的标准控制类型和追加性能选定,系统工作顺序与方法确定及互锁等安全设计,液压设备、气动设备、电气设备、电子设备和备用设备试验,电气控制线路设计,工业机器人线路及整个系统线路设计等内容。

6. 支持系统设计

支持系统设计包括故障排队与修复方法、停机时的对策和准备、备用机器的筹备和意外情况下的救急措施等几个方面的内容。

7. 工程施工设计

此项工作包括工作系统说明书、工业机器人详细性能和规格说明书、标准件说明书编写,工程制图绘制,图纸清单编写等内容。

8. 编制采购资料

此项工作包括工业机器人估价委托书、机器人性能及自检结果编写,标准件采购清单、操作人员培训计划编制,维护说明和各项预算方案编写等内容。

8.3.3 制造与试运行

制造与试运行是根据详细设计阶段确定的施工图纸、说明书进行布置、工艺分析、制作、采购,然后进行安装、测试、调整,使之达到预期的技术要求,同时对管理人员、操作人员进行培训。

1. 制作准备

制作准备包括制作估价、拟订事后服务和保证事项、签订制造合同、选定培训人员和实施培训等内容。

2. 制作与采购

此项工作包括加工零件制造工艺设计、零件加工、标准件采购、工业机器人性能检查、采购件验收检查和故障处理等内容。

3. 安装与试运转

此项工作包括总体设备安装、试运转检查、试运转调整、连续运转、实施预期的工业机器人工作站系统工作循环实施、生产试车、维护维修培训等内容。

4. 连续运转

连续运转工作包括按规划中的要求进行系统的连续运转和记录、发现和解决异常问题、实地改造、接受用户的检查、编写验收总结报告等内容。

8.3.4　交付使用

交付使用后，为达到和保持预期的性能和目标，应对系统进行维护和改进，并进行综合评价。

1. 运转率检查

此项工作包括正常运转概率测定、周期循环时间和产量测定、停机现象分析和故障原因分析等内容。

2. 改进

此项工作包括正常生产必须改造事项的选定和实施及今后改进事项的研讨和规划等内容。

3. 评估

此项工作包括技术评估、经济评估、对现实效果和将来效果的研讨、再研究课题的确定和编写总结报告等内容。

由此看出，在工业生产中引入工业机器人工作站系统是一项相当细致复杂的系统工程，涉及机、电、液、气等诸多技术领域，不仅要求人们从技术上进行可行性研究，而且要从经济效益、社会效益、企业发展等多方面进行可行性研究。只有立题正确、投资准、选型好、设备经久耐用，才能最大限度地发挥工业机器人的优越性，提高生产效率。

8.3.5　工程工业机器人和外围设备

1. 工业机器人和外围设备的任务

采用工业机器人实现自动化时，应就自动化的目的和目标、作业对象、自动化的规模、维护保养等问题与工业机器人制造厂和外围设备制造厂充分交换意见和研究后再确定方案，特别要注意整个系统的经济性、稳定性和可靠性。

1）自动化规模和工业机器人

实施自动化时，无论使用工业机器人与否，其规模的大小都是一个重要的问题。工业机器人的规格和外围设备的规格都是随着自动化规模的变化而变化的。

在一般情况下，灵活性高的工业机器人价格也高，但其外围设备较为简单，并能适应产品的型号变化。灵活性低的工业机器人的外围设备较为复杂，当产品型号改变时，需要高额的投资。

2）工业机器人和外围设备的选择

要决定自动化的程度，就必须确定工业机器人和外围设备的规格。对于工业机器人而言，首先必须确定的是选用市场出售的工业机器人还是选用特殊制造的工业机器人。通常，除生产一定数量的特殊工业机器人外，从市场上选择适合该系统使用的工业机器人既经济可靠，又便于维护保养。

2. 外围设备的种类及注意事项

必须根据自动化的规模来决定工业机器人和外围设备的规格。作业对象不同，工业机器人和外围设备的规格也多种多样。应根据技术要求，选择与工业机器人配套的外围设备。外围设备涉及机、电、液、气等，必须严格按技术要求来选型。

【本章小结】

通过本章的学习，我们要重点掌握工业机器人工作站、工业机器人自动线的基本单元组成。工业机器人项目是一个完整的自动化系统，包括机械系统、控制系统、感受系统等。对于这样一个复杂的系统，要考虑项目的整体性，再对局部进行分析，对典型的工业机器人工作站的工作过程、技术参数、网络结构有一个初步的认知，了解在工业机器人工作站出现的标准设备和工具的品牌、功能、接口、价格、行业口碑等信息，关注工业机器人在工业应用中的趋势和关键技术，总结对工业机器人项目系统集成的可行性分析、工业机器人工作站和自动线的设计过程、制造与试运行及交付使用，以达到对工业机器人项目运作过程、生产过程和使用过程有具有一定深度的理解的目的。

【思考与练习】

1. 收集 5 种以上弧焊机器人的型号（不限品牌）。
2. 描述点焊机器人工作站的组成。
3. 比较工业机器人自动线和传统的自动线的差异。
4. 使用流程图的方式来表述在生产中引入工业机器人的过程。

[1] 孟庆鑫,王晓东.机器人技术基础[M].哈尔滨:哈尔滨工业大学出版社,2006.

[2] 郭洪红.工业机器人技术[M].西安:西安电子科技大学出版社,2006.

[3] 兰虎.工业机器人技术及应用[M].北京:机械工业出版社,2014.

[4] 郝巧梅,刘怀兰.工业机器人技术[M].北京:电子工业出版社,2016.

[5] 杜祥瑛.工业机器人及其应用[M].北京:机械工业出版社,1986.

[6] 朱世强,王宣银.机器人技术及其应用[M].杭州:浙江大学出版社,2001.

[7] 孟繁华.机器人应用技术[M].哈尔滨:哈尔滨工业大学出版社,1989.

[8] 吴芳美.机器人控制基础[M].北京:中国铁道出版社,1992.

[9] 杨立云.工业机器人技术基础[M].北京:机械工业出版社,2017.

[10] 杨杰忠,王泽春,刘伟.工业机器人技术基础[M].北京:机械工业出版社,2017.